ANALYTISCHE GEOMETRIE IN VEKTORIELLER DARSTELLUNG

von Joachim Köhler
Rolf Höwelmann
und Hardt Krämer

LÖSUNGSHEFT

Verlag Moritz Diesterweg
Frankfurt am Main · Berlin · München

Wir bitten um Verständnis dafür, daß wir — um eine mißbräuchliche Benutzung auszuschließen — diesen Band **nur direkt** und nur auf Bestellungen, die den **Schulstempel** tragen, ausliefern können.

Selbstverständlich können Sie, wenn Sie dies wünschen, auch Ihren **Schülern** (oder deren Eltern) Exemplare dieses Bandes zur Verfügung stellen; wir bitten jedoch auch in diesem Falle, die Bestellung **über die Schule** direkt an den Verlag zu richten.

ISBN 3-425-00502-2

5. Auflage

Zeichnungen: Gottfried Wustmann, Mötzingen

Satz-, Druck- und Bindearbeiten:
Brühlsche Universitätsdruckerei Gießen

Inhaltsverzeichnis

1. Elementare Vektoralgebra

1.2. Gleichheit und Addition von Vektoren

Seite 5

1. Vektorielle Größen: VG. Skalare Größen: SG.
Volumen (SG), Gewicht (VG), spezif. Gewicht (VG), Leistung (SG), Weg (VG), elektr. Spannung (SG), elektr. Widerstand (SG), Beschleunigung (VG), Wärmemenge (SG), magnet. Feldstärke (VG), elektr. Feldstärke (VG).

2. $\overrightarrow{AC} = \mathfrak{a} + \mathfrak{b}$, $\overrightarrow{AD} = \mathfrak{a} + \mathfrak{b} + \mathfrak{c}$, $\overrightarrow{BD} = \mathfrak{b} + \mathfrak{c}$.

3. a) b) c) d)

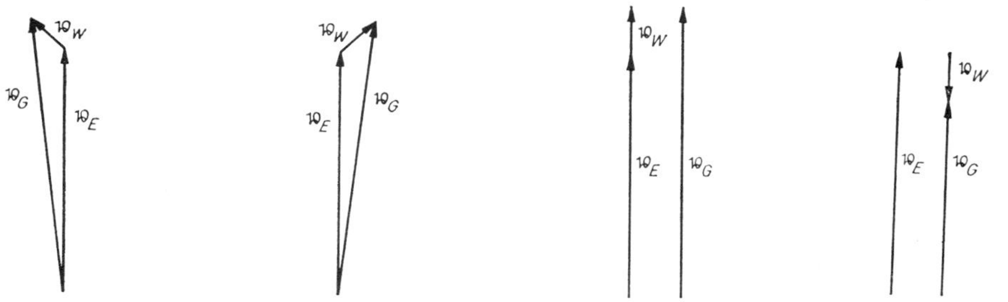

$v_G = 172{,}3$ km/h $v_G = 172{,}3$ km/h $v_G = 180$ km/h $v_G = 120$ km/h

Bild 1.1

Seite 6

4. $F^2 = F_1^2 + F_2^2 \Rightarrow F = 5$ kp (Bild 1.2)
Bei kleiner werdendem α wird F größer und erreicht das Maximum von $F_{max} = 7$ kp für $\alpha = 0°$.
Wächst α über 90°, so nimmt F ab und wird für $\alpha = 180°$ zu $F_{min} = 1$ kp.

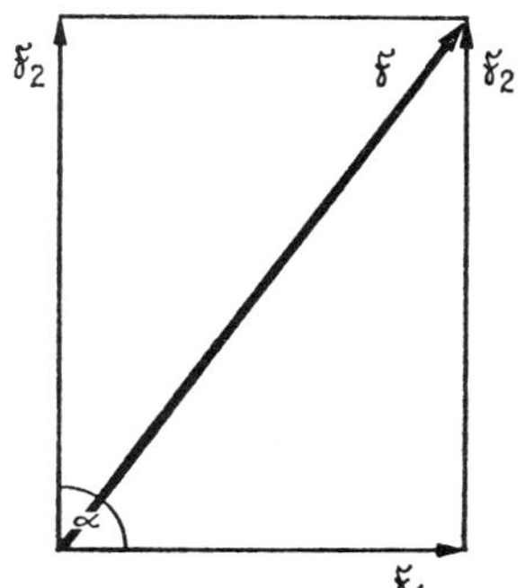

Bild 1.2

5.

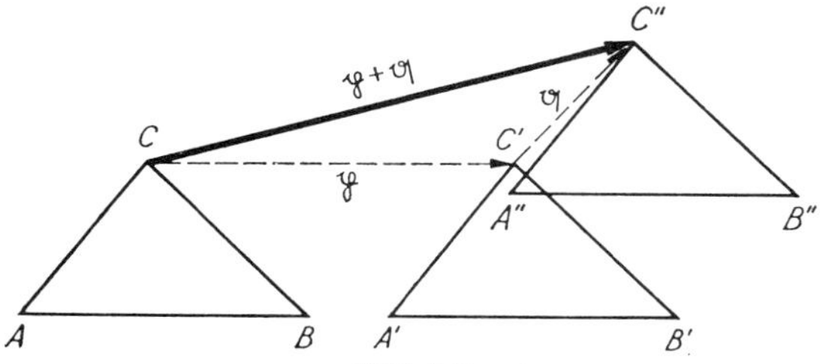

Bild 1.3

1.3. Die Subtraktion von Vektoren

Seite 8

1. a)

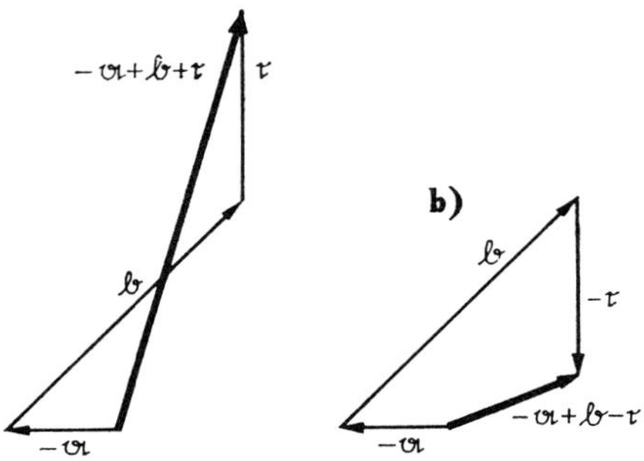

Bild 2.1

2. ABCD ist durch zwei Vektoren $\mathfrak{a} = \overrightarrow{AB}$ und $\mathfrak{b} = \overrightarrow{AD}$ festgelegt. $\overrightarrow{AC} = \mathfrak{a} + \mathfrak{b}$, $\overrightarrow{BD} = \mathfrak{b} - \mathfrak{a}$.

3. $\overrightarrow{AC} = \mathfrak{a} + \mathfrak{b}$, $\overrightarrow{BE} = \mathfrak{c} - \mathfrak{a}$, $\overrightarrow{BG} = \mathfrak{b} + \mathfrak{c}$, $\overrightarrow{AG} = \mathfrak{a} + \mathfrak{b} + \mathfrak{c}$, $\overrightarrow{HB} = \mathfrak{a} - \mathfrak{b} - \mathfrak{c}$.

4. $\mathfrak{a}$, $\mathfrak{b}$ und $\mathfrak{c}$ bilden eine geschlossene Figur. **a)** ja **b)** nein.

5. $\overrightarrow{BS} = \mathfrak{c} - \mathfrak{a}$, $\overrightarrow{CS} = \mathfrak{c} - \mathfrak{a} - \mathfrak{b}$, $\overrightarrow{DS} = \mathfrak{c} - \mathfrak{b}$, $\overrightarrow{DB} = \mathfrak{a} - \mathfrak{b}$, $\overrightarrow{CA} = -\mathfrak{a} - \mathfrak{b}$.

1.4. Die Multiplikation eines Vektors mit einer Zahl

Seite 11

1. $\overrightarrow{CE} = -\mathfrak{b} - \frac{3}{5}\mathfrak{a}$ 2. $\overrightarrow{AM} = \frac{1}{2}(\mathfrak{a} + \mathfrak{b})$, $\overrightarrow{SM} = -\mathfrak{c} + \frac{1}{2}(\mathfrak{a} + \mathfrak{b})$.

3. $\overrightarrow{AC} = \mathfrak{a} + \mathfrak{c}$, $\mathfrak{s}_{\mathfrak{a}} = \mathfrak{c} + \frac{\mathfrak{a}}{2}$, $\mathfrak{s}_{\mathfrak{b}} = -\mathfrak{c} + \frac{1}{2}(\mathfrak{a} + \mathfrak{c}) = \frac{1}{2}(\mathfrak{a} - \mathfrak{c})$, $\mathfrak{s}_{\mathfrak{c}} = -\mathfrak{a} - \frac{\mathfrak{c}}{2}$.

4.

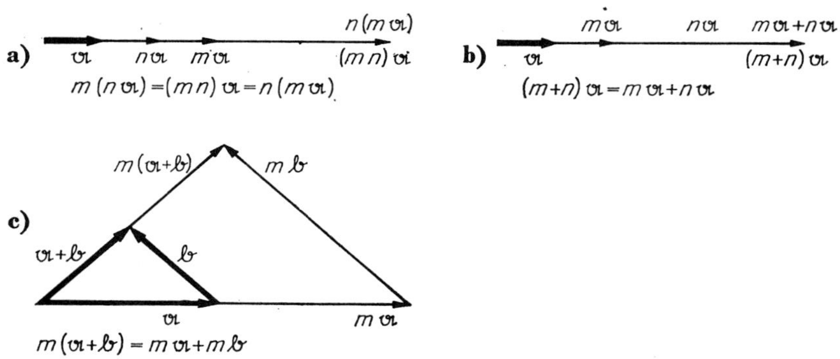

Bild 2.2

5. a) b) c) d)

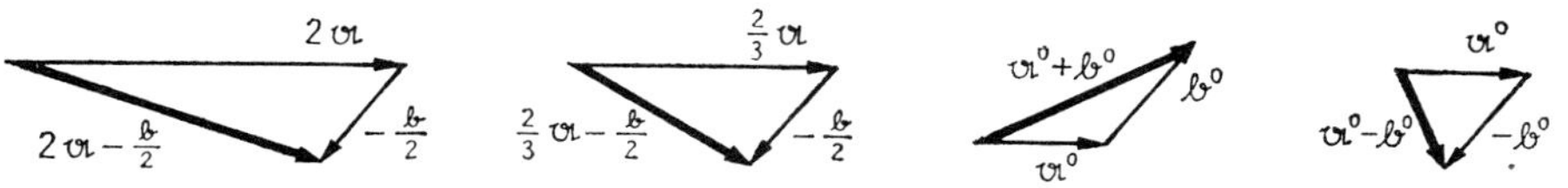

Bild 3.1

6. $\mathfrak{a}^0 + \mathfrak{b}^0$ **7.** $\mathfrak{a}^0 - \mathfrak{b}^0$ hat Richtung der Außenwinkelhalbierenden
$\mathfrak{a}^0 - \mathfrak{b}^0 \perp \mathfrak{a}^0 + \mathfrak{b}^0$.

8.

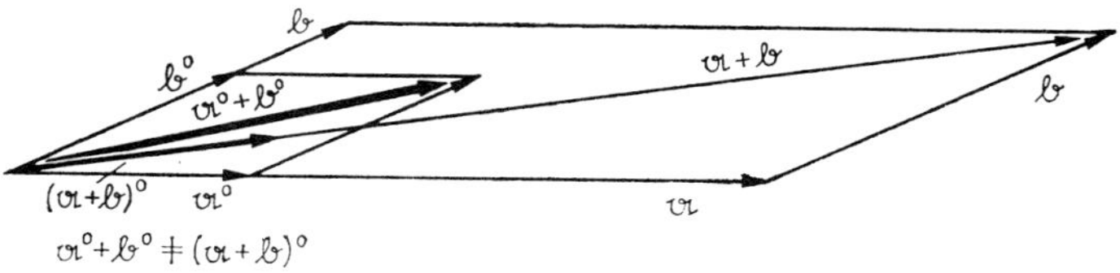

Bild 3.2

Es gilt: $\mathfrak{a}^0 + \mathfrak{b}^0 = (\mathfrak{a} + \mathfrak{b})^0 \Leftrightarrow \mathfrak{a} = \mathfrak{b}$ und $\sphericalangle(\mathfrak{a}, \mathfrak{b}) = 120°$ (Bild 3.2).

9. $-\mathfrak{a}^0 + \mathfrak{b}^0$ **10.** $\mathfrak{a} + \mathfrak{b} + \mathfrak{c} = \mathfrak{o}$ **11. a)** $\mathfrak{a} = -3\mathfrak{b} + \frac{13}{3}\mathfrak{c}$ **b)** $\mathfrak{a} = 20\mathfrak{b} - 11\mathfrak{c}$

Seite 12

12. a) Die Summe von Vektor und Skalar ist nicht definiert.
b) Die Division durch einen Vektor ist nicht definiert.
c) Die Summe zweier Vektoren ist ein Vektor.
d) siehe b) **e)** siehe c)

2. Determinanten

2.1. Lineare Gleichungen mit zwei Unbekannten Einführung der Determinantenschreibweise

Seite 14

1. a) 22 **b)** 22 **c)** 0 **d)** 0 **e)** −0,02 **f)** $-2ab$ **g)** $a - b$
h) 0 **i)** $a^4 + b^4$ **k)** 1

2. z. B.

a) $\begin{vmatrix} 0 & 0 \\ 0 & 0 \end{vmatrix}, \begin{vmatrix} 0 & 0 \\ 0 & 1 \end{vmatrix}, \begin{vmatrix} 2 & 3 \\ 4 & 6 \end{vmatrix}, \ldots$

b) $\begin{vmatrix} 3 & 5 \\ 1 & 2 \end{vmatrix}, \begin{vmatrix} x+1 & x \\ 1 & 1 \end{vmatrix}, \begin{vmatrix} \tan\alpha & 0 \\ \sin\alpha & \cot\alpha \end{vmatrix}, \ldots$

c) $\begin{vmatrix} 1 & \frac{1}{4} \\ 1 & 1 \end{vmatrix}, \begin{vmatrix} 3 & \frac{1}{4} \\ 3 & \frac{1}{2} \end{vmatrix}, \begin{vmatrix} \frac{1}{2} & -\frac{1}{4} \\ 1 & 1 \end{vmatrix}, \ldots$

d) $\begin{vmatrix} a & 1 \\ 0 & 1 \end{vmatrix}, \begin{vmatrix} 2 & a \\ 1 & a \end{vmatrix}, \begin{vmatrix} a+b & b \\ 3 & 3 \end{vmatrix}, \ldots$

e) $\begin{vmatrix} x & 1 \\ 0 & x \end{vmatrix}, \begin{vmatrix} 2 & x \\ x & x^2 \end{vmatrix}, \begin{vmatrix} x+1 & 1 \\ -1 & x-1 \end{vmatrix}, \ldots$

3. a) $x = 1, y = -1$ **b)** beliebig viele Lösungen **c)** keine Lösung
d) beliebig viele Lösungen **e)** $x = 0, y = 0$ **f)** $x = 2, y = 2$
g) $x = 3, y = -1$ **h)** $s = 3, t = 1$

2.2. Sätze über zweireihige Determinanten

Seite 16

2. a) *Satz 2.6* **b)** *Satz 2.5* **c)** *Satz 2.4* **d)** *Satz 2.8*

3. a) -4 **b)** 0 **c)** 0 **d)** $-\frac{3}{20}$ **e)** -119

4. Wenn eine Spalte (Zeile) aus lauter Nullen besteht oder wenn zwei Spalten (Zeilen) einander proportional sind, ist der Wert der Determinante Null (*Satz 2.4* und *Satz 2.5*).

Beweis der Umkehrung: $\begin{vmatrix} a & c \\ b & d \end{vmatrix} = 0 \Rightarrow ad - bc = 0 \Rightarrow ad = bc$

1. Fall: $ad = bc = 0 \Rightarrow$ Auf jeder Seite des Gleichheitszeichens ist (mindestens) einer der Faktoren Null, d. h. eine Spalte oder eine Zeile besteht aus lauter Nullen.

2. Fall: $ad = bc \neq 0 \Rightarrow$ Keiner der Faktoren hat den Wert Null und es gilt: $\frac{a}{b} = \frac{c}{d}$ und $\frac{a}{c} = \frac{b}{d}$; d. h. beide Spalten und Zeilen sind einander proportional.

2.3. Lineare Gleichungen mit drei Unbekannten Definition der dreiteiligen Determinante

Seite 18

1. a) $\begin{vmatrix} a & d & g \\ b & e & h \\ c & f & i \end{vmatrix}$ **b)** $\begin{vmatrix} 5 & 8 & 3 \\ 6 & 2 & 9 \\ 0 & 8 & 7 \end{vmatrix}$ **c)** $\begin{vmatrix} r & s & t \\ u & v & w \\ x & y & z \end{vmatrix}$

2. a) -92 **b)** 0 **c)** 1 **d)** 0 **e)** 4 **f)** $-8x + 14y + 4z$
g) $aei - afh - bdi + bfg + cdh - ceg$

Seite 19

3. a) $x = 0, y = 1, z = 1$ **b)** $x = 1, y = 2, z = 1$

2.4. Rechenregeln für dreireihige Determinanten

Seite 21

1. a) Beweis von *Satz 2.2* durch Ausrechnen.

b) Beweis von *Satz 2.3* für die 2. und 3. Zeile:
Vertauscht man die 2. und 3. Zeile und löst dann die Determinante nach *Def. 2.2* auf, so bekommt jede der Unterdeterminanten das entgegengesetzte Vorzeichen wie bei der Ausgangsdeterminante.

c) Durch Anwendung von *Satz 2.2* und *Satz 2.3* lassen sich die Nullen in die erste Zeile bringen. Nach *Def. 2.2* ist der Wert der Determinante Null.

d) Um *Satz 2.5* zu beweisen, bringt man mit Hilfe von *Satz 2.2* und *Satz 2.3* die proportionalen Spalten (Zeilen) in die zweite und dritte Zeile. Danach wird *Def. 2.2* angewandt. Aus allen Unterdeterminanten läßt sich der Proportionalitätsfaktor herausziehen.

e) $$k\begin{vmatrix} a & d & g \\ b & e & h \\ c & f & i \end{vmatrix} = ka\begin{vmatrix} e & h \\ f & i \end{vmatrix} - kd\begin{vmatrix} b & h \\ c & i \end{vmatrix} + kg\begin{vmatrix} b & e \\ c & f \end{vmatrix} = \begin{vmatrix} ka & kd & kg \\ b & e & h \\ c & f & i \end{vmatrix}$$

Der Beweis für beliebige Spalten und Zeilen ergibt sich mit Hilfe von *Satz 2.2* und *Satz 2.3*

f) $$\begin{vmatrix} a & d & g \\ b & e & h \\ c & f & i \end{vmatrix} + \begin{vmatrix} k & l & m \\ b & e & h \\ c & f & i \end{vmatrix} = (a+k)\begin{vmatrix} e & h \\ f & i \end{vmatrix} - (d+l)\begin{vmatrix} b & h \\ c & i \end{vmatrix} + (g+m)\begin{vmatrix} b & e \\ c & f \end{vmatrix}$$

$$= \begin{vmatrix} a+k & d+l & g+m \\ b & e & h \\ c & f & i \end{vmatrix}$$

Allgemeiner Beweis mit Hilfe von *Satz 2.2* und *Satz 2.3.*

Seite 22

2. a) *Satz 2.10* (Entwicklung nach den Elementen der letzten Spalte)
b) *Satz 2.7*, *Satz 2.5*, *Satz 2.10* **c)** *Satz 2.6*, *Satz 2.8*, *Satz 2.10*

3. a) 0 (*Satz 2.4*) **b)** 132 **c)** 0 (*Satz 2.5*) **d)** 0 (*Satz 2.8* und *Satz 2.5*)
e) 38 **f)** 0 **g)** 0 (*Satz 2.8* und *Satz 2.5*)

4. Da sich bei Vertauschung von zwei Zeilen das Vorzeichen der Determinante ändert, muß eine Determinante mit zwei gleichen Zeilen den Wert Null haben. Das läßt sich auf eine Determinante mit zwei proportionalen Zeilen (Spalten) anwenden, nachdem man den Proportionalitätsfaktor vor die Determinante gezogen hat.

5. a) Ersetzt man die Leerstelle durch x, so erhält man die Gleichung
$14x + 14 = 0 \Rightarrow x = -1.$

b) Ersetzt man die Leerstellen durch x und y, erhält man $xy - 2x - 8y + 16 = 0$. Alle Wertepaare $(x|y)$, die diese Gleichung erfüllen, machen den Wert der Determinante zu Null. Das sind die Wertepaare $(8/y)$ bzw. $(x \neq 8/2)$.

c) Für $x = y$ erhält man: $x^2 - 10x + 16 = 0 \Rightarrow x_1 = 2, x_2 = 8.$

3. Lineare Abhängigkeit

3.1. Kollinearität

Seite 23

1. a) $\mathfrak{c} = -\mathfrak{a}$ **b)** $(4\mathfrak{c}) = -\frac{12}{5}\mathfrak{b}$ **c)** $(2\mathfrak{a} + \mathfrak{b}) = -\frac{11}{4}\mathfrak{d}$ **d)** $(\mathfrak{b} - \mathfrak{a}) = 2(\mathfrak{c} - \mathfrak{d})$

2. a) $\mathfrak{b} = -\frac{1}{2}\mathfrak{a}$; $\mathfrak{a} + 2\mathfrak{b} = \mathfrak{o}$ **b)** $\mathfrak{b} = \frac{m-3}{2+m}\mathfrak{a}$ für $m \neq -2$; $\mathfrak{a} = 0$ für $m = -2$; $(m-3)\,\mathfrak{a} - (2+m)\,\mathfrak{b} = \mathfrak{o}$ **c)** $\mathfrak{b} = (p^2 + p)\,\mathfrak{a}$; $(p^2+p)\,\mathfrak{a} - \mathfrak{b} = \mathfrak{o}$

Seite 24

3. a) $m = 0$; $n = 2$ **b)** $4 + 2p + q = 0$; $2 - p - q = 0 \Rightarrow p = -6$; $q = 8$

4. Es gilt stets: $\mathfrak{o} = 0 \cdot \mathfrak{a}$ für jedes $\mathfrak{a}$. **5.** ja

3.2. Komplanarität

Seite 25

1. a) $\{\pm\overrightarrow{AB}, \pm\overrightarrow{CD}, \pm\overrightarrow{EF}, \pm\overrightarrow{GH}\}$; $\{\pm\overrightarrow{AD}, \pm\overrightarrow{BC}, \pm\overrightarrow{EH}, \pm\overrightarrow{FG}\}$;
$\{\pm\overrightarrow{AE}, \pm\overrightarrow{BF}, \pm\overrightarrow{CG}, \pm\overrightarrow{DH}\}$

b) $\{\pm\overrightarrow{AB}, \pm\overrightarrow{BC}, \pm\overrightarrow{CD}, \pm\overrightarrow{DA}, \pm\overrightarrow{EF}, \pm\overrightarrow{FG}, \pm\overrightarrow{GH}, \pm\overrightarrow{HE}\}$;
$\{\pm\overrightarrow{BC}, \pm\overrightarrow{CG}, \pm\overrightarrow{GF}, \pm\overrightarrow{FB}, \pm\overrightarrow{AD}, \pm\overrightarrow{DH}, \pm\overrightarrow{HE}, \pm\overrightarrow{EA}\}$;
$\{\pm\overrightarrow{AB}, \pm\overrightarrow{BF}, \pm\overrightarrow{FE}, \pm\overrightarrow{EA}, \pm\overrightarrow{DC}, \pm\overrightarrow{CG}, \pm\overrightarrow{GH}, \pm\overrightarrow{HD}\}$

2. a) $\mathfrak{a}, \mathfrak{b}, \mathfrak{c}$ sind komplanar, denn sie sind parallel zur Ebene durch A, B, F, E.
$\mathfrak{a} - \mathfrak{b} + \mathfrak{c} = \mathfrak{o}$

b) $\mathfrak{a}, \mathfrak{b}, \mathfrak{c}$ sind nicht komplanar.

c) $\mathfrak{a}, \mathfrak{b}, \mathfrak{c}$ sind komplanar, denn sie sind parallel zur Ebene durch A, B, C, D.
$\mathfrak{a} - \mathfrak{b} + 2\mathfrak{c} = \mathfrak{o}$

d) $\mathfrak{a}, \mathfrak{b}, \mathfrak{c}$ sind komplanar, denn sie sind parallel zur Ebene durch C, D, E, F.
$\mathfrak{a} + \mathfrak{b} + 2\mathfrak{c} = \mathfrak{o}$

3. a) 3 **b)** 8 **c)** 6

4. Aus $\mathfrak{c} = \lambda\mathfrak{a} + \mu\mathfrak{b}$ folgt, $\lambda\mathfrak{a} + \mu\mathfrak{b} - \mathfrak{c} = \mathfrak{o}$, wobei der Koeffizient von $\mathfrak{c}$ ungleich Null ist. Umgekehrt folgt aus $p\mathfrak{a} + q\mathfrak{b} + r\mathfrak{c} = \mathfrak{o}$ für $p \neq 0$: $\mathfrak{a} = -\frac{q}{p}\mathfrak{b} - \frac{r}{p}\mathfrak{c}$

5. a) ja **b)** ja **6.** ja

7. a) $\mathfrak{o} = 0\mathfrak{a} + 0\mathfrak{b}$ $1\mathfrak{o} + 0\mathfrak{a} + 0\mathfrak{b} = \mathfrak{o}$
b) $\mathfrak{o} = 0\mathfrak{a} + 0\mathfrak{c}$ $1\mathfrak{o} + 0\mathfrak{a} + 0\mathfrak{c} = \mathfrak{o}$
c) $\mathfrak{o} = 0\mathfrak{a} + 0\mathfrak{b}$ $1\mathfrak{o} + 0\mathfrak{a} + 0\mathfrak{b} = \mathfrak{o}$

3.3. Lineare Abhängigkeit von Vektoren, Basisvektoren

Seite 27

1. Der Zielpunkt von $4\mathfrak{a} + 2\mathfrak{b}$ liegt auf der Geraden parallel zu $\mathfrak{a}$ durch den Zielpunkt von $2\mathfrak{b}$. Auf dieser Geraden liegen auch die Zielpunkte aller Vektoren $\lambda\mathfrak{a} + 2\mathfrak{b}$ und nur diese Zielpunkte. Die Zielpunkte der Vektoren $\lambda\mathfrak{a} + \mu\mathfrak{b}$ mit $\mu \neq 2$ liegen also nicht auf dieser Geraden. Entsprechende Überlegung für $\lambda \neq 4$.

2. Der Zielpunkt von $2{,}5\mathfrak{a} + 2\mathfrak{b} - \mathfrak{c}$ liegt in der Ebene parallel zu den Vektoren $\mathfrak{b}, \mathfrak{c}$ durch den Zielpunkt von $2{,}5\mathfrak{a}$. In dieser Ebene liegen auch die Zielpunkte aller Vektoren $2{,}5\mathfrak{a} + \mu\mathfrak{b} + \nu\mathfrak{c}$ und nur diese Zielpunkte. Die Zielpunkte der Vektoren $\lambda\mathfrak{a} + \mu\mathfrak{b} + \nu\mathfrak{c}$ mit $\lambda \neq 2{,}5$ liegen also nicht in dieser Ebene.

3. Ist $\mathfrak{a}_4 \neq \mathfrak{o}$ (was evtl. durch Umbenennung immer erreicht werden kann) und sind $\mathfrak{a}_1$, $\mathfrak{a}_2$, $\mathfrak{a}_3$ nicht komplanar, so gilt nach *Satz 3.5*: $\mathfrak{a}_4 = \lambda\mathfrak{a}_1 + \mu\mathfrak{a}_2 + \nu\mathfrak{a}_3 \Rightarrow \lambda\mathfrak{a}_1 + \mu\mathfrak{a}_2 + \nu\mathfrak{a}_3 - \mathfrak{a}_4 = \mathfrak{o}$. Dabei ist der Koeffizient von $\mathfrak{a}_4$ ungleich 0. Sind $\mathfrak{a}_1$, $\mathfrak{a}_2$, $\mathfrak{a}_3$ jedoch komplanar, so gilt nach *Satz 3.4*: $p\mathfrak{a}_1 + q\mathfrak{a}_2 + r\mathfrak{a}_3 = \mathfrak{o}$, wobei mindestens eine der Zahlen p, q, r ungleich 0 ist. $\Rightarrow p\mathfrak{a}_1 + q\mathfrak{a}_2 + r\mathfrak{a}_3 + 0\mathfrak{a}_4 = \mathfrak{o}$.

4. a) Vier Vektoren sind immer linear abhängig (Aufg. 3).
   b) Drei linear abhängige Vektoren müssen komplanar sein (*Satz 3.4*).
   c) Drei kollineare Vektoren $\mathfrak{a}_1$, $\mathfrak{a}_2$, $\mathfrak{a}_3$ sind linear abhängig:
   $\mathfrak{a}_1 = \lambda_1\mathfrak{a}_3,\ \mathfrak{a}_2 = \lambda_2\mathfrak{a}_3 \Rightarrow \mathfrak{a}_1 + \mathfrak{a}_2 + (-\lambda_1 - \lambda_2)\,\mathfrak{a}_3 = \mathfrak{o}$

5. a) $\overrightarrow{AB} = \mathfrak{a}$ $\quad\overrightarrow{AD} = \mathfrak{b}$ $\quad\overrightarrow{AC} = \mathfrak{a} + \mathfrak{b}$ $\quad\overrightarrow{BD} = -\mathfrak{a} + \mathfrak{b}$ $\quad\overrightarrow{DB} = \mathfrak{a} - \mathfrak{b}$
   $\overrightarrow{AE} = \frac{1}{2}\mathfrak{a} + \frac{1}{2}\mathfrak{b}$ $\quad\overrightarrow{ED} = -\frac{1}{2}\mathfrak{a} + \frac{1}{2}\mathfrak{b}$
   b) $\overrightarrow{AB} = \mathfrak{a}$ $\quad\overrightarrow{AD} = -\mathfrak{a} + 2\mathfrak{c}$ $\quad\overrightarrow{AC} = 2\mathfrak{c}$ $\quad\overrightarrow{BD} = -2\mathfrak{a} + 2\mathfrak{c}$ $\quad\overrightarrow{DB} = 2\mathfrak{a} - \mathfrak{c}$
   $\overrightarrow{AE} = \mathfrak{c}$ $\quad\overrightarrow{ED} = -\mathfrak{a} + \mathfrak{c}$
   c) $\overrightarrow{AB} = \mathfrak{c} - \mathfrak{d}$ $\quad\overrightarrow{AD} = \mathfrak{c} + \mathfrak{d}$ $\quad\overrightarrow{AC} = 2\mathfrak{c}$ $\quad\overrightarrow{BD} = 2\mathfrak{d}$ $\quad\overrightarrow{DB} = -2\mathfrak{d}$
   $\overrightarrow{AE} = \mathfrak{c}$ $\quad\overrightarrow{ED} = \mathfrak{d}$

Seite 28

6. a) $\overrightarrow{AE} = \mathfrak{a} + \frac{1}{2}\mathfrak{b}$ $\quad\overrightarrow{AC} = \mathfrak{a} + \mathfrak{b}$ $\quad\overrightarrow{AF} = \frac{1}{2}\mathfrak{a} + \mathfrak{b}$ $\quad\overrightarrow{BF} = -\frac{1}{2}\mathfrak{a} + \mathfrak{b}$
   $\overrightarrow{EF} = -\frac{1}{2}\mathfrak{a} + \frac{1}{2}\mathfrak{b}$
   b) $\overrightarrow{AE} = \frac{1}{2}\mathfrak{a} + \frac{1}{2}\mathfrak{c}$ $\quad\overrightarrow{AC} = \mathfrak{c}$ $\quad\overrightarrow{AF} = -\frac{1}{2}\mathfrak{a} + \mathfrak{c}$ $\quad\overrightarrow{BF} = -\frac{3}{2}\mathfrak{a} + \mathfrak{c}$
   $\overrightarrow{EF} = -\mathfrak{a} + \frac{1}{2}\mathfrak{c}$

7. a) $\overrightarrow{AE} = \mathfrak{c}$ $\quad\overrightarrow{AF} = \mathfrak{a} + \mathfrak{c}$ $\quad\overrightarrow{AG} = \mathfrak{a} + \mathfrak{b} + \mathfrak{c}$ $\quad\overrightarrow{AC} = \mathfrak{a} + \mathfrak{b}$
   $\overrightarrow{BD} = -\mathfrak{a} + \mathfrak{b}$ $\quad\overrightarrow{BG} = \mathfrak{b} + \mathfrak{c}$ $\quad\overrightarrow{BE} = -\mathfrak{a} + \mathfrak{c}$ $\quad\overrightarrow{BH} = -\mathfrak{a} + \mathfrak{b} + \mathfrak{c}$
   $\overrightarrow{CA} = -\mathfrak{a} - \mathfrak{b}$ $\quad\overrightarrow{CH} = -\mathfrak{a} + \mathfrak{c}$ $\quad\overrightarrow{CG} = \mathfrak{c}$ $\quad\overrightarrow{CE} = -\mathfrak{a} - \mathfrak{b} + \mathfrak{c}$
   b) $\overrightarrow{AE} = -\mathfrak{a} + \mathfrak{d}$ $\quad\overrightarrow{AF} = \mathfrak{d}$ $\quad\overrightarrow{AG} = \mathfrak{b} + \mathfrak{d}$ $\quad\overrightarrow{AC} = \mathfrak{a} + \mathfrak{b}$
   $\overrightarrow{BD} = -\mathfrak{a} + \mathfrak{b}$ $\quad\overrightarrow{BG} = -\mathfrak{a} + \mathfrak{b} + \mathfrak{d}$ $\quad\overrightarrow{BE} = -2\mathfrak{a} + \mathfrak{d}$ $\quad\overrightarrow{BH} = -2\mathfrak{a} + \mathfrak{b} + \mathfrak{d}$
   $\overrightarrow{CA} = -\mathfrak{a} - \mathfrak{b}$ $\quad\overrightarrow{CH} = -2\mathfrak{a} + \mathfrak{d}$ $\quad\overrightarrow{CG} = -\mathfrak{a} + \mathfrak{d}$ $\quad\overrightarrow{CE} = -2\mathfrak{a} - \mathfrak{b} + \mathfrak{d}$

8. gemäß Def. 3.3 gilt: $\mathfrak{o} = 0\mathfrak{a}_1 + 0\mathfrak{a}_2 + \cdots + 0\mathfrak{a}_{n-1}$

3.4. Teilverhältnisse in ebenen und räumlichen Figuren

Seite 30

1. a) AS : SE = 3 : 5 $\quad$ BS : SF = 5 : 3 $\quad$ b) DS : SE = 9 : 5 $\quad$ CS : SF = 5 : 9

2. a) AS : SF = 8 : 1 $\quad$ CS : SE = 5 : 4 $\quad$ b) AS : SF = 4 : 3 $\quad$ DS : SE = 5 : 2
   c) DS : SF = 10 : 1 $\quad$ CS : SE = 5 : 6

3. $\tau = 2 : 1$ $\quad$ 4. Die Seiten werden im Verhältnis $\tau = 2 : 1$ geteilt.

Seite 31

5. BC wird im Verhältnis $\tau_1 = 2:1$, die Transversale im Verhältnis $\tau_2 = 3:1$ geteilt.

6. Die Behauptung folgt durch Anwendung von Aufgabe 3 auf zwei Paare von Seitenhalbierenden aus der Eindeutigkeit des Teilpunktes.

7. $\mathfrak{a} = a \cdot \mathfrak{a}^0, \quad \mathfrak{b} = b \cdot \mathfrak{b}^0, \quad \mathfrak{d} = m(\mathfrak{a}^0 + \mathfrak{b}^0)$

$m(\mathfrak{a}^0 + \mathfrak{b}^0) - n(a\mathfrak{a}^0 - b\mathfrak{b}^0) - b\mathfrak{b}^0 = \mathfrak{o}$

$\Rightarrow m - na = 0$ und $m + nb - b = 0$

$\Rightarrow n = \dfrac{b}{a+b}$ und $1 - n = \dfrac{a}{a+b}$

$\Rightarrow \dfrac{AD}{DB} = \dfrac{b}{a}$ (Bild 8.1)

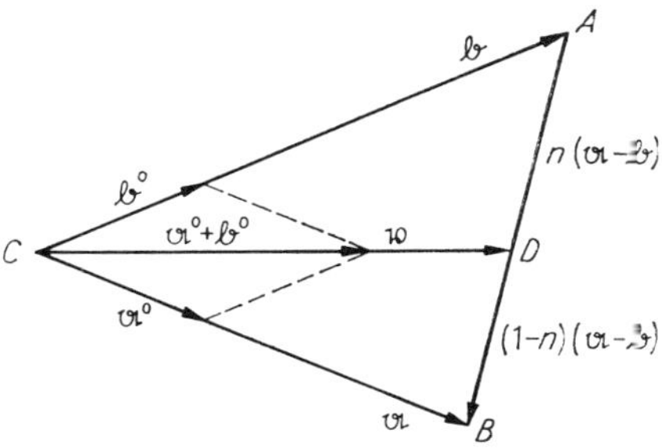

Bild 8.1

8. $AT : TG = 3:4, \quad MT : TS = 4:3, \quad m = \dfrac{3}{8}$

a) $AT : TG = 2:5, \quad MT : TS = 5:2, \quad m = \dfrac{2}{5}$

b) $AT : TG = 1:5, \quad MT : TS = 5:1, \quad m = \dfrac{1}{10}$

4. Analytische Geometrie I
Parameterformen der Geraden- und Ebenengleichung

4.1. Vektoren im Koordinatensystem

4.1.1. Das affine Koordinatensystem

Seite 34

2. a) auf der Parallelen zu $\mathfrak{b}$ durch $P_1(4/0)$

b) auf der Parallelen zu $\mathfrak{a}$ durch $P_1(0/-2)$

c) in der Halbebene oberhalb der Geraden $y = 2$ ausschließlich dieser Geraden.

d) in der Halbebene links der Geraden $x = 1$ einschließlich der Geraden

e) auf der Geraden durch den Ursprung mit der Richtung $\mathfrak{a} + \mathfrak{b}$.

f) auf der Geraden durch den Ursprung mit der Richtung $\mathfrak{a} - \mathfrak{b}$.

3. a) $P_1(0/0)$, $P_2(1/0)$, $P_3(1/1)$, $P_4(0/1)$

b) $P_1(1/0)$, $P_2(0/1)$, $P_3(-1/1)$, $P_4(-1/0)$, $P_5(0/-1)$, $P_6(1/-1)$

4. a) α) $P_1(0/0)$, $P_2(1/0)$, $P_3(0/2)$ $\quad\beta$) $P_1(0/0)$, $P_2(1/0)$, $P_3(1/-2)$

b) α) $P_1(0/0)$, $P_2\left(\frac{1}{2}/0\right)$, $P_3(0/1)$ $\quad\beta$) $P_1(0/0)$, $P_2(0/1)$, $P_3\left(-\frac{1}{2}/1\right)$

6. a) $\mathfrak{r}_A = \begin{pmatrix}0\\0\\0\end{pmatrix}, \mathfrak{r}_B = \begin{pmatrix}1\\0\\0\end{pmatrix}, \mathfrak{r}_C = \begin{pmatrix}1\\1\\0\end{pmatrix}, \mathfrak{r}_D = \begin{pmatrix}0\\1\\0\end{pmatrix},$

$\mathfrak{r}_E = \begin{pmatrix}0\\0\\1\end{pmatrix}, \mathfrak{r}_F = \begin{pmatrix}1\\0\\1\end{pmatrix}, \mathfrak{r}_G = \begin{pmatrix}1\\1\\1\end{pmatrix}, \mathfrak{r}_H = \begin{pmatrix}0\\1\\1\end{pmatrix},$

b) $\mathfrak{r}_{AB} = \begin{pmatrix}0{,}5\\0\\0\end{pmatrix}, \mathfrak{r}_{BC} = \begin{pmatrix}1\\0{,}5\\0\end{pmatrix}, \mathfrak{r}_{CD} = \begin{pmatrix}0.5\\1\\0\end{pmatrix}, \mathfrak{r}_{AD} = \begin{pmatrix}0\\0{,}5\\0\end{pmatrix},$

$\mathfrak{r}_{AE} = \begin{pmatrix}0\\0\\0{,}5\end{pmatrix}, \mathfrak{r}_{BF} = \begin{pmatrix}1\\0\\0{,}5\end{pmatrix}, \mathfrak{r}_{CG} = \begin{pmatrix}1\\1\\0{,}5\end{pmatrix}, \mathfrak{r}_{DH} = \begin{pmatrix}0\\1\\0{,}5\end{pmatrix},$

$\mathfrak{r}_{EF} = \begin{pmatrix}0{,}5\\0\\1\end{pmatrix}, \mathfrak{r}_{FG} = \begin{pmatrix}1\\0{,}5\\1\end{pmatrix}, \mathfrak{r}_{GH} = \begin{pmatrix}0{,}5\\1\\1\end{pmatrix}, \mathfrak{r}_{EH} = \begin{pmatrix}0\\0{,}5\\1\end{pmatrix}$

7. a) $P_1'(2/-4)$, $P_2'(-3/-2)$, $P_3'(-5/1)$, $P_4'(0/3)$
b) $P_1'(-2/4)$, $P_2'(3/2)$, $P_3'(5/-1)$, $P_4'(0/-3)$
c) $P_1'(-2/-4)$, $P_2'(3/-2)$, $P_3'(5/1)$, $P_4'(0/3)$
d) $P_1'(4/2)$, $P_2'(2/-3)$, $P_3'(-1/-5)$, $P_4'(-3/0)$
e) $P_1'(-4/-2)$, $P_2'(-2/3)$, $P_3'(1/5)$, $P_4'(3/0)$

8. a) $P(x/y/z) \to P'(x/y/-z)$ **b)** $P(x/y/z) \to P'(x/-y/z)$
c) $P(x/y/z) \to P'(-x/y/-z)$ **d)** $P(x/y/z) \to P'(-x/-y/-z)$

9. a) auf der Parallelen zur z-Achse durch $P_1(1/0/0)$
b) in der yz-Ebene
c) im Halbraum hinter der yz-Ebene ausschließlich dieser Ebene
d) im Halbraum rechts der xz-Ebene einschließlich dieser Ebene
e) in der Parallelebene zur yz-Ebene durch $P_1(2/0/0)$
f) in der Ebene, die die x-Achse und die Winkelhalbierende des 1. und 3. Quadranten der yz-Ebene enthält.

10. a) auf der Parallelen zur z-Achse durch $P_1(2/3/0)$
b) in der xy-Ebene
c) auf der z-Achse
d) in der Parallelebene zur xz-Ebene durch $P_1(0/1/0)$.

4.1.2. Das Rechnen mit Vektoren im Koordinatensystem

Seite 37

1. a) $\mathfrak{v}_1 + \mathfrak{v}_2 = 10\mathfrak{a} - 7\mathfrak{b}$ $\mathfrak{v}_1 - \mathfrak{v}_2 = -4\mathfrak{a} + 3\mathfrak{b} + 2\mathfrak{c}$
b) $\mathfrak{v}_1 + \mathfrak{v}_2 = 10\mathfrak{a} + 0{,}5\mathfrak{b} - 4\mathfrak{c}$ $\mathfrak{v}_1 - \mathfrak{v}_2 = 4\mathfrak{a} + 0{,}5\mathfrak{b} + 4\mathfrak{c}$

c) $\mathfrak{v}_1 + \mathfrak{v}_2 = \begin{pmatrix} 2 \\ -5 \\ -4 \end{pmatrix}$ $\mathfrak{v}_1 - \mathfrak{v}_2 = \begin{pmatrix} -2 \\ 11 \\ -10 \end{pmatrix}$ **d)** $\mathfrak{v}_1 + \mathfrak{v}_2 = \begin{pmatrix} 6 \\ -6 \\ 0 \end{pmatrix}$ $\mathfrak{v}_1 - \mathfrak{v}_2 = \begin{pmatrix} -2 \\ 0 \\ -16 \end{pmatrix}$

e) $\mathfrak{v}_1 + \mathfrak{v}_2 = \begin{pmatrix} 26 \\ -20 \\ 0 \end{pmatrix}$ $\mathfrak{v}_1 - \mathfrak{v}_2 = \begin{pmatrix} -8 \\ 18 \\ 22 \end{pmatrix}$

2. a) α) $2\mathfrak{v}_1 - \mathfrak{v}_2 = \begin{pmatrix} -1 \\ 1 \\ 3 \end{pmatrix}$ β) $\begin{pmatrix} 11 \\ 1 \\ 4 \end{pmatrix}$ γ) $\begin{pmatrix} -2 \\ 14 \\ -17 \end{pmatrix}$ δ) $\begin{pmatrix} 0 \\ -3 \\ -24 \end{pmatrix}$ ε) $\begin{pmatrix} 1 \\ 17 \\ 33 \end{pmatrix}$

b) α) $3\mathfrak{v}_1 + 2\mathfrak{v}_2 = \begin{pmatrix} 23 \\ -16 \\ 1 \end{pmatrix}$ β) $\begin{pmatrix} 27 \\ 1{,}5 \\ -8 \end{pmatrix}$ γ) $\begin{pmatrix} 4 \\ -7 \\ -15 \end{pmatrix}$ δ) $\begin{pmatrix} 14 \\ -15 \\ -8 \end{pmatrix}$ ε) $\begin{pmatrix} 61 \\ -41 \\ 11 \end{pmatrix}$

c) α) $-4\mathfrak{v}_1 + \mathfrak{v}_2 = \begin{pmatrix} -5 \\ 3 \\ -5 \end{pmatrix}$ β) $\begin{pmatrix} -25 \\ -2 \\ -4 \end{pmatrix}$ γ) $\begin{pmatrix} 2 \\ -20 \\ 31 \end{pmatrix}$ δ) $\begin{pmatrix} -4 \\ 9 \\ 40 \end{pmatrix}$ ε) $\begin{pmatrix} -19 \\ -15 \\ -55 \end{pmatrix}$

3. a) $7\mathfrak{a} + (1 - \sqrt{2})\,\mathfrak{b} + (2 - \sqrt{3})\,\mathfrak{c}$ **b)** $-8\mathfrak{a} + (1 + 2\sqrt{2})\,\mathfrak{b} + (-4 - \sqrt{3})\,\mathfrak{c}$

c) $6\mathfrak{a} + (5 - \sqrt{2})\,\mathfrak{b} + (1 - \sqrt{3})\,\mathfrak{c}$ **d)** $5\mathfrak{a} - 2\mathfrak{b} + (1 - 2\sqrt{3})\,\mathfrak{c}$

e) $9\mathfrak{a} - (16 + \sqrt{2})\,\mathfrak{b} + 6\mathfrak{c}$ **f)** $-16\mathfrak{a} + (22 + 3\sqrt{2})\,\mathfrak{b} - (11 + 2\sqrt{3})\,\mathfrak{c}$

4. a) $\begin{pmatrix} -9\lambda \\ 6 \\ 10 - 3\nu \end{pmatrix}$ **b)** $\begin{pmatrix} -28 - 3\lambda \\ 3 + 4\mu \\ 21 \end{pmatrix}$ **c)** $\begin{pmatrix} 14 + 13\lambda \\ -9 - 2\mu \\ -23 + 4\nu \end{pmatrix}$ **d)** $\begin{pmatrix} 1\frac{3}{4} + 19\frac{1}{2}\,\lambda \\ -15 - \frac{1}{4}\,\mu \\ -26 + 4\frac{1}{2}\,\nu \end{pmatrix}$

Seite 38

5. $\overrightarrow{AB} = \begin{pmatrix} 4 \\ 2 \\ 1 \end{pmatrix}$, $\overrightarrow{BC} = \begin{pmatrix} -1 \\ -4 \\ 4 \end{pmatrix}$, $\overrightarrow{CD} = \begin{pmatrix} 4 \\ 4 \\ -13 \end{pmatrix}$, $\overrightarrow{DA} = \begin{pmatrix} -7 \\ -2 \\ 8 \end{pmatrix}$, $\overrightarrow{AC} = \begin{pmatrix} 3 \\ -2 \\ 5 \end{pmatrix}$,

$\overrightarrow{BD} = \begin{pmatrix} 3 \\ 0 \\ -9 \end{pmatrix}$

6. a) $\mathfrak{v}_4 = \begin{pmatrix} -2 \\ 1 \\ -1 \end{pmatrix}$ **b)** $\mathfrak{v}_4 = \begin{pmatrix} 17 \\ 0 \\ -4{,}5 \end{pmatrix}$

7. a) $\mathfrak{b} = 3\mathfrak{a}$, kollinear!

b) $\mathfrak{b} = -\frac{1}{2}\,\mathfrak{a}$, kollinear!

c) nicht kollinear!

d) $\mathfrak{b} = -\frac{2}{3}\,\mathfrak{a}$, kollinear!

8. a) $\mathfrak{q} = \begin{pmatrix} 5 \\ -7\frac{1}{2} \\ 12\frac{1}{2} \end{pmatrix}$ **b)** $\mathfrak{q} = \begin{pmatrix} -4\frac{2}{3} \\ 7 \\ -11\frac{2}{3} \end{pmatrix}$

9. a) $\mathfrak{m} = \mathfrak{p} + \mathfrak{q}$, ja!
b) $\mathfrak{m} = \mathfrak{p} - \mathfrak{q}$, ja!
c) nein!

10. a) $\mathfrak{m} = \begin{pmatrix} -14 \\ 0 \\ -1 \end{pmatrix}$ **b)** $\mathfrak{m} = \begin{pmatrix} 2 \\ 13 \\ 21\frac{1}{2} \end{pmatrix}$

11. a) $\mathfrak{m} = \begin{pmatrix} 16 \\ 4 \\ 1 \end{pmatrix}$ **b)** $\mathfrak{m} = \begin{pmatrix} 5 \\ 14 \\ 12 \end{pmatrix}$ **c)** $\mathfrak{m} = \begin{pmatrix} 5 \\ 2 \\ 1 \end{pmatrix}$

12. a) $\mathfrak{v} = 12\mathfrak{a}' + 5\mathfrak{b}'$ **b)** $\mathfrak{v} = 3\mathfrak{a}' + \mathfrak{b}'$

Seite 39

13. a) $\mathfrak{v} = \mathfrak{a}' + 2\mathfrak{b}' + 3\mathfrak{c}'$
b) Die Aufgabe ist nicht lösbar, weil $\mathfrak{a}'$, $\mathfrak{b}'$, $\mathfrak{c}'$ komplanar, also keine Grundvektoren sind, der Vektor $\mathfrak{v}$ aber von ihnen linear unabhängig ist.

4.1.3. Determinanten und lineare Abhängigkeit

Seite 40

1. Ja (vgl. Lösung zu Aufg. 4 aus Kap. 2.2, außerdem Anwendung der 1. Kollinearitätsbedingung).

2. Beispiele für Lösungen erhält man, wenn man die Leerstellen mit Hilfe der *Determinantensätze 2.4*, *2.5* und *2.8* sowie natürlich des *Satzes 4.4* ersetzt.
d) letzte Zeile: 1 $\quad 2\mu \quad 3\mu \quad \mu$ beliebig
e) letzte Zeile: 3 $\quad \mu + 3 \quad 3\mu \quad \mu$ beliebig

Seite 41

3. a) ja, denn $\mathfrak{a} = -2\mathfrak{b}$
b) die drei Vektoren sind nicht kollinear
c) ja; denn $\mathfrak{a} = 2\mathfrak{b}$, deshalb ist $\mathfrak{c}$ mit $\mathfrak{a}$ und $\mathfrak{b}$ komplanar
d) die drei Vektoren sind komplanar, aber nicht kollinear
e) nein

4. a) ja ($\mathfrak{c} = 2\mathfrak{b} - 3\mathfrak{a}$, $\mathfrak{d} = 2\mathfrak{b} - \mathfrak{a}$)
b) nein ($\mathfrak{a}$, $\mathfrak{b}$, $\mathfrak{c}$ sind zwar komplanar, nicht aber $\mathfrak{d}$ mit $\mathfrak{a}$, $\mathfrak{b}$, $\mathfrak{c}$)

5. a) keine Lösung ($\mathfrak{d}$ läßt sich nicht durch die kollinearen Vektoren $\mathfrak{a}, \mathfrak{b}, \mathfrak{c}$ ausdrücken)
b) beliebig viele Lösungen (Es gibt beliebig viele Wertetripel (x/y/z), für die $x\mathfrak{a} + y\mathfrak{b} + z\mathfrak{c} = \mathfrak{d}$ ist.)

6. a) Det $(\mathfrak{a}, \mathfrak{b}, \mathfrak{c}) = 0$; Det $(\mathfrak{a}, \mathfrak{b}, \mathfrak{d}) = 0$ und $\mathfrak{a}$, $\mathfrak{b}$ sind linear unabhängig
b) $\mathfrak{d} = \lambda\mathfrak{a} + \mu\mathfrak{b} + \nu\mathfrak{c}$
$(\lambda/\mu/\nu) = (0/-1/2), (1/-3/3), (-1/1/1), (-2/3/0)$; allgemein: $(\lambda/-2\lambda-1/\lambda+2)$

7. Jeder der Vektoren $\mathfrak{d} - \lambda\mathfrak{a}$ muß sich als Linearkombination von $\mathfrak{b}$ und $\mathfrak{c}$ eindeutig darstellen lassen, d. h. $\mathfrak{d} - \lambda\mathfrak{a} = \mu\mathfrak{b} + \nu\mathfrak{c}$. Die Darstellung wäre nur dann nicht möglich, wenn $\mathfrak{b}$ und $\mathfrak{c}$ kollinear wären. Das ist aber nach Voraussetzung ausgeschlossen. Damit gilt $\mathfrak{d} = \lambda\mathfrak{a} + \mu\mathfrak{b} + \nu\mathfrak{c}$ für beliebig viele Zahlentripel $(\lambda/\mu/\nu)$. Entsprechender Beweis für die übrigen Fälle.

8. a) Die Determinante des Systems ist von Null verschieden, das System hat genau eine Lösung $(x_1/y_1/z_1)$.
   b) Die Determinante des Systems ist Null; die Zählerdeterminanten D_x und D_y sind von Null verschieden. Das System hat keine Lösung.
   c) $D = 0$, $D_x = 0$, $D_y = 0$. Beliebig viele Lösungen.

9. a) $D = 0$, $D_x \neq 0$, $D_y \neq 0$. Keine Lösung.
   b) $D = 0$, $D_x = 0$, $D_y = 0$. Beliebig viele Lösungen $\left(\text{Alle Wertetripel } \left(x/x+1/\frac{3-x}{3}\right)\right)$.
   c) $D = 0$, $D_x \neq 0$, $D_y \neq 0$. Keine Lösung.
   d) $D \neq 0$; genau eine Lösung: $(x/y/z) = (0/0/1)$.

4.1.4. Halbierungspunkt und Teilpunkt einer Strecke

Seite 44

1. a) $\tau = 1$, b) $\tau = -\frac{3}{2}$, c) T liegt nicht auf der Strecke.

2. a) $\tau = \frac{2}{5}$, $T\left(0/-1\frac{2}{7}/\frac{3}{7}\right)$, b) $\tau = -3$, $T(17/23/15)$,
   c) $\tau = -\frac{1}{3}$, $T(-11/-17/-14)$, d) $\tau = -\frac{7}{5}$, $T(45/63/39)$.

3. a) $M_1(6{,}5/5/1{,}5) = M_2$, Parallelogramm!
   b) $M_1(-4{,}5/6{,}5/-3) = M_2$, Parallelogramm!

4. a) $D(-4/9)$, $M(-0{,}5/6{,}5)$, b) $D(-1/2/-5)$, $M(1/2/0)$.

5. a) $C(6/9/6)$, $D(2/2/1)$, b) $C(6/-7/3)$, $D(2/-10/-4)$.

6. a) $C(4/8/2)$, b) $C(3/-15/0)$.

7. $\mathfrak{r}_D = \frac{1}{2}(\mathfrak{r}_A + \mathfrak{r}_B)$, $\mathfrak{r}_E = \frac{1}{2}(\mathfrak{r}_B + \mathfrak{r}_C)$,
   $\mathfrak{r}_F = \frac{1}{2}(\mathfrak{r}_A + \mathfrak{r}_C)$, $\mathfrak{r}_D - \mathfrak{r}_E = \frac{1}{2}(\mathfrak{r}_A - \mathfrak{r}_C)$,
   $\mathfrak{r}_E - \mathfrak{r}_F = \frac{1}{2}(\mathfrak{r}_B - \mathfrak{r}_A)$, $\mathfrak{r}_F - \mathfrak{r}_D = \frac{1}{2}(\mathfrak{r}_C - \mathfrak{r}_B)$.

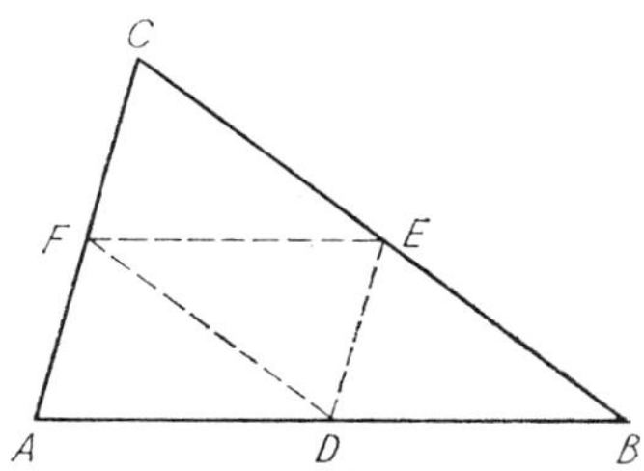

Bild 12.1

8. $\overrightarrow{SA} + \overrightarrow{SB} + \overrightarrow{SC} = (\mathfrak{r}_A - \mathfrak{r}_S) + (\mathfrak{r}_B - \mathfrak{r}_S) + (\mathfrak{r}_C - \mathfrak{r}_S) = \mathfrak{r}_A + \mathfrak{r}_B + \mathfrak{r}_C - 3\mathfrak{r}_S = \mathfrak{o}$.

Die durchnumerierten Folien dienen der Erarbeitung der wichtigsten Begriffe und Gesetzmäßigkeiten der Vektorrechnung und der analytischen Geometrie. Außerdem enthalten die ersten vier Transparente mit Ü gekennzeichnete Übungsfolien, die zur Einübung und Vertiefung der vorher gewonnenen Erkenntnisse oder zur Behandlung weiterführender Fragen gedacht sind. Mit der beigefügten Abdeckfolie lassen sich die jeweils nicht betrachteten Figuren verdecken. Darüber hinaus sind die Folien R^2 (ebenes affines Koordinatensystem) und R^3 (räumliches affines Koordinatensystem) beigelegt, mit denen die verschiedensten rechnerischen Aufgaben anschaulich dargestellt werden können. Die Anwendung der Folie R^3 ist besonders bequem, weil auf der x_3-Achse eine Zentimetereinteilung gewählt wurde.
Wie die Transparente im Unterricht eingesetzt werden können, ist in den zugehörigen Begleittexten vorgeschlagen. Jedoch sind Abwandlungen im Einsatz und in der Reihenfolge der Folien möglich. Da zudem die unbedruckte Oberseite der Folien (besser ist eine Leerfolie) mit zusätzlichen Beschriftungen, Linien oder Figuren versehen werden kann, ist dem Lehrer weitgehend methodische Freiheit gelassen.

Diesterweg

Postkarte

Bitte Postkarten-porto

An die
Buchhandlung/
Lehrmittelhandlung

Wenn Anschrift einer Buchhandlung nicht zur Hand, bitte senden an:

Verlag Moritz Diesterweg
Postfach 110651, 6 Frankfurt / Main 1

Zu den weitverbreiteten Lehrbüchern von Köhler/Höwelmann/Krämer unsere MD-Transparente Mathematik!

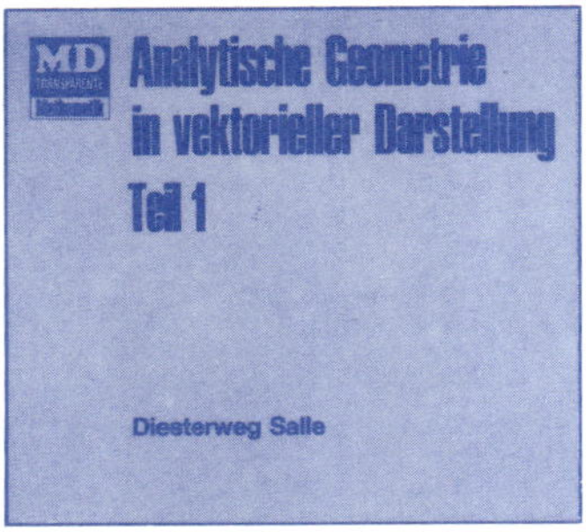

Analytische Geometrie in vektorieller Darstellung, Teil 1
Von Hardt Krämer und Rolf Höwelmann.
Serie, bestehend aus 7 Sätzen mit zus. 42 ein- bis vierfarb. Folien, 30 x 30 cm, mit Zwischenkartons, in Ringordner,
unverbindlich empfohlener Preis DM 250,—
(MD-Nr. 8451)

Die sieben Transparentsätze zur vektoriellen und analytischen Geometrie, Teil 1, umfassen die Einführung des Vektorbegriffs, Eigenschaften von Vektoren sowie die affine Geometrie von Gerade und Ebene.
Die Transparente sollen dem Lehrer die Arbeit abnehmen, während des Unterrichts Zeichnungen an der Tafel entwerfen zu müssen, die aus freier Hand selten gelingen. Dadurch kann er sich mehr auf den Unterricht und auf seine Klasse konzentrieren.
In jedem Transparent, das aus mehreren Folien aufgebaut ist, wird ein Problemkreis abgehandelt. Die Autoren haben Arbeitsfolien entwickelt, so daß dem Schüler keine fertigen Lösungen vorgesetzt werden. Vielmehr sollen die Folien ihn anregen, mathematische Probleme zu erkennen und selbständige Lösungsmöglichkeiten zu finden. ►

Hiermit bestelle ich aus dem Verlag Moritz Diesterweg Frankfurt/Main

______ Expl. **Arbeitstransparente**
Analytische Geometrie in vektorieller Darstellung, Teil 1
Von Hardt Krämer und Rolf Höwelmann.
Serie, bestehend aus 7 Sätzen mit zus. 42 ein- bis vierfarb. Folien, 30 x 30 cm, mit Zwischenkartons, in Ringordner,
unverbindlich empfohlener Preis DM 250,— (MD 8451)

Die Rechnung bitte ich

☐ auf meinen Namen ☐ auf die Schule auszustellen.

____
Name

____
Anschrift

____
Schulstempel Datum und Unterschrift

Preisstand 1. 1. 1982 11.3

9. **a)** $T_1(3/2/-1{,}5)$; $T_2(6/-4/3)$, **b)** $T_1\left(1\frac{1}{3}\Big/5\frac{1}{3}\Big/-4\right)$; $T_2(-4/16/-12)$,
c) $T_1(2/4/-3)$; T_2 existiert nicht.

10. $P_2(-9/-2/6)$; $T_2(15/10/-18)$.

11. **a)** Es ist $Q_1(3/4/-1) = Q_2 = Q_3$, **b)** $Q_1(-2/3/1) = Q_2 = Q_3$.

Seite 45

12. $\mathfrak{r}_{12} = \dfrac{\mathfrak{r}_1 + \mathfrak{r}_2}{2}, \quad \mathfrak{r}_{34} = \dfrac{\mathfrak{r}_3 + \mathfrak{r}_4}{2} \quad \Rightarrow \quad \mathfrak{r}_{Q_1} = \dfrac{\dfrac{\mathfrak{r}_1 + \mathfrak{r}_2}{2} + \dfrac{\mathfrak{r}_3 + \mathfrak{r}_4}{2}}{2} = \dfrac{\mathfrak{r}_1 + \mathfrak{r}_2 + \mathfrak{r}_3 + \mathfrak{r}_4}{4}$

$\mathfrak{r}_{13} = \dfrac{\mathfrak{r}_1 + \mathfrak{r}_3}{2}, \quad \mathfrak{r}_{24} = \dfrac{\mathfrak{r}_2 + \mathfrak{r}_4}{2} \quad \Rightarrow \quad \mathfrak{r}_{Q_2} = \dfrac{\dfrac{\mathfrak{r}_1 + \mathfrak{r}_3}{2} + \dfrac{\mathfrak{r}_2 + \mathfrak{r}_4}{2}}{2} = \dfrac{\mathfrak{r}_1 + \mathfrak{r}_2 + \mathfrak{r}_3 + \mathfrak{r}_4}{4}$

$\mathfrak{r}_{14} = \dfrac{\mathfrak{r}_1 + \mathfrak{r}_4}{2}, \quad \mathfrak{r}_{23} = \dfrac{\mathfrak{r}_2 + \mathfrak{r}_3}{2} \quad \Rightarrow \quad \mathfrak{r}_{Q_3} = \dfrac{\dfrac{\mathfrak{r}_1 + \mathfrak{r}_4}{2} + \dfrac{\mathfrak{r}_2 + \mathfrak{r}_3}{2}}{2} = \dfrac{\mathfrak{r}_1 + \mathfrak{r}_2 + \mathfrak{r}_3 + \mathfrak{r}_4}{4}$

13. $\overrightarrow{AB} = \mathfrak{r}_B - \mathfrak{r}_A = \dfrac{\mathfrak{r}_3 + \mathfrak{r}_2}{2} - \dfrac{\mathfrak{r}_1 + \mathfrak{r}_2}{2} = \dfrac{\mathfrak{r}_3 - \mathfrak{r}_1}{2}$;

$\overrightarrow{DC} = \mathfrak{r}_C - \mathfrak{r}_B = \dfrac{\mathfrak{r}_3 + \mathfrak{r}_4}{2} - \dfrac{\mathfrak{r}_1 + \mathfrak{r}_4}{2} = \dfrac{\mathfrak{r}_3 - \mathfrak{r}_1}{2}$

$= \overrightarrow{AB}$.

Entsprechend folgt $\overrightarrow{AD} = \overrightarrow{BC}$. Der Satz ist allgemeingültig.

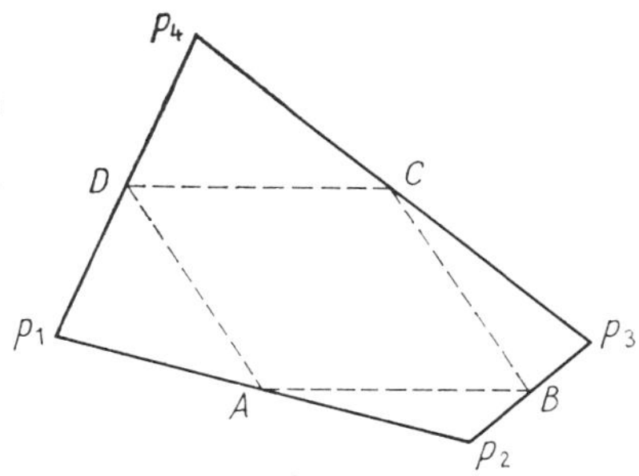

Bild 13.1

14. Es ist $\mathfrak{r}_S = \dfrac{\mathfrak{r}_1 + \mathfrak{r}_2 + \mathfrak{r}_3 + \mathfrak{r}_4}{4}$. Ferner ist $\mathfrak{r}_1$ Ortsvektor einer Ecke und $\mathfrak{r}_{S'} = \dfrac{\mathfrak{r}_2 + \mathfrak{r}_3 + \mathfrak{r}_4}{3}$ Ortsvektor des Schwerpunktes der gegenüberliegenden Dreiecksfläche. Es ist zu zeigen: $\mathfrak{r}_S = \dfrac{\mathfrak{r}_1 + \tau\,\mathfrak{r}_{S'}}{1+\tau}$. Faßt man $\mathfrak{r}_1$ und $\mathfrak{r}_{S'}$ als Basisvektoren auf, was bei geeigneter Wahl des Ursprungs immer möglich ist, so bedeutet die Behauptung: $\begin{pmatrix} \frac{1}{4} \\ \frac{3}{4} \end{pmatrix} = \begin{pmatrix} \frac{1}{1+\tau} \\ \frac{\tau}{1+\tau} \end{pmatrix}$. Daraus folgt widerspruchsfrei $\tau = 3$. Eine entsprechende Überlegung gilt für die anderen Fälle.

15. Schwerpunkt des Dreiecks: $\mathfrak{r}_S = \dfrac{\mathfrak{r}_1 + \mathfrak{r}_2 + \mathfrak{r}_3}{3}$.

Schwerpunkt des Mittendreiecks: $\mathfrak{r}_{S'} = \dfrac{\dfrac{\mathfrak{r}_1 + \mathfrak{r}_2}{2} + \dfrac{\mathfrak{r}_1 + \mathfrak{r}_3}{2} + \dfrac{\mathfrak{r}_2 + \mathfrak{r}_3}{2}}{3} = \dfrac{\mathfrak{r}_1 + \mathfrak{r}_2 + \mathfrak{r}_3}{3}$

In jedem Dreieck ist der Schwerpunkt identisch mit dem Schwerpunkt des Mittendreiecks.

16. $\mathfrak{r}_{Q_1} = \dfrac{\mathfrak{r}_1 + \tau\mathfrak{r}_2}{1+\tau}, \mathfrak{r}_{Q_2} = \dfrac{\mathfrak{r}_2 + \tau\mathfrak{r}_3}{1+\tau}, \mathfrak{r}_{Q_3} = \dfrac{\mathfrak{r}_3 + \tau\mathfrak{r}_1}{1+\tau}$

$$\Rightarrow \mathfrak{r}_{S'} = \frac{\dfrac{\mathfrak{r}_1 + \tau\mathfrak{r}_2}{1+\tau} + \dfrac{\mathfrak{r}_2 + \tau\mathfrak{r}_3}{1+\tau} + \dfrac{\mathfrak{r}_3 + \tau\mathfrak{r}_1}{1+\tau}}{3}$$

$$= \frac{\mathfrak{r}_1 + \mathfrak{r}_2 + \mathfrak{r}_3 + \tau(\mathfrak{r}_1 + \mathfrak{r}_2 + \mathfrak{r}_3)}{3\cdot(1+\tau)} = \frac{\mathfrak{r}_1 + \mathfrak{r}_2 + \mathfrak{r}_3}{3} = \mathfrak{r}_S\,.$$

Der Satz ist allgemeingültig.

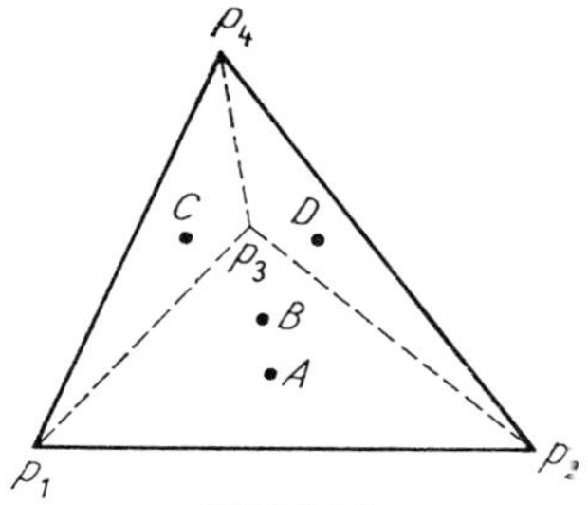

Bild 14.1

17. $\mathfrak{r}_A = \dfrac{\mathfrak{r}_1 + \mathfrak{r}_2 + \mathfrak{r}_3}{3}, \mathfrak{r}_B = \dfrac{\mathfrak{r}_1 + \mathfrak{r}_3 + \mathfrak{r}_4}{3},$

$\mathfrak{r}_C = \dfrac{\mathfrak{r}_1 + \mathfrak{r}_3 + \mathfrak{r}_4}{3}, \mathfrak{r}_D = \dfrac{\mathfrak{r}_2 + \mathfrak{r}_3 + \mathfrak{r}_4}{3}.$

$$\overrightarrow{AB} = \mathfrak{r}_B - \mathfrak{r}_A = \frac{\mathfrak{r}_4 - \mathfrak{r}_3}{3} = \frac{1}{3}\overrightarrow{P_3P_4},$$

$$\overrightarrow{BC} = \mathfrak{r}_C - \mathfrak{r}_B = \frac{\mathfrak{r}_3 - \mathfrak{r}_2}{3} = \frac{1}{3}\overrightarrow{P_2P_3},$$

$$\overrightarrow{CD} = \mathfrak{r}_D - \mathfrak{r}_C = \frac{\mathfrak{r}_2 - \mathfrak{r}_1}{3} = \frac{1}{3}\overrightarrow{P_1P_2}, \quad \overrightarrow{DA} = \mathfrak{r}_A - \mathfrak{r}_D = \frac{\mathfrak{r}_1 - \mathfrak{r}_4}{3} = \frac{1}{3}\overrightarrow{P_4P_1}.$$

$$\mathfrak{r}_{S'} = \frac{\mathfrak{r}_A + \mathfrak{r}_B + \mathfrak{r}_C + \mathfrak{r}_D}{4} = \frac{\dfrac{\mathfrak{r}_1 + \mathfrak{r}_2 + \mathfrak{r}_3}{3} + \dfrac{\mathfrak{r}_1 + \mathfrak{r}_2 + \mathfrak{r}_4}{3} + \dfrac{\mathfrak{r}_1 + \mathfrak{r}_3 + \mathfrak{r}_4}{3} + \dfrac{\mathfrak{r}_2 + \mathfrak{r}_3 + \mathfrak{r}_4}{3}}{4}$$

$$= \frac{\mathfrak{r}_1 + \mathfrak{r}_2 + \mathfrak{r}_3 + \mathfrak{r}_4}{4} = \mathfrak{r}_S\,.$$

18. $\lambda = \dfrac{CT}{TD} = -\dfrac{m+n}{n}$ 19. a) S(0,9/0,6) b) S(1,5/1)

20. a) AE wird im Verhältnis 4:7, BF im Verhältnis 6:5 geteilt.
b) AE wird im Verhältnis 3:5, BF außen im Verhältnis 9:1 geteilt.

21. Die Behauptung ergibt sich aus den berechneten Teilverhältnissen für die Strecke AC (vgl. Lehrbuch S. 29 Beispiel 1).

22. Das Vierflach OABC werde durch $\overrightarrow{OA} = \mathfrak{a}$, $\overrightarrow{OB} = \mathfrak{b}$, $\overrightarrow{OC} = \mathfrak{c}$ festgelegt. Dann sind die Schwerlinienvektoren:

$$\mathfrak{v}_1 = \overrightarrow{OS}_{ABC} = \frac{\mathfrak{a} + \mathfrak{b} + \mathfrak{c}}{3}, \qquad \mathfrak{v}_2 = \overrightarrow{AS}_{OBC} = \frac{\mathfrak{b} + \mathfrak{c}}{3} - \mathfrak{a},$$

$$\mathfrak{v}_3 = \overrightarrow{BS}_{OAC} = \frac{\mathfrak{a} + \mathfrak{c}}{3} - \mathfrak{b}, \qquad \mathfrak{v}_4 = \overrightarrow{CS}_{OAB} = \frac{\mathfrak{a} + \mathfrak{b}}{3} - \mathfrak{c}.$$

Es ist $\mathfrak{v}_1 + \mathfrak{v}_2 + \mathfrak{v}_3 + \mathfrak{v}_4 = \dfrac{\mathfrak{a} + \mathfrak{b} + \mathfrak{c}}{3} + \dfrac{\mathfrak{b} + \mathfrak{c}}{3} - \mathfrak{a} + \dfrac{\mathfrak{a} + \mathfrak{c}}{3} - \mathfrak{b} + \dfrac{\mathfrak{a} + \mathfrak{b}}{3} - \mathfrak{c} = \mathfrak{o}.$

4.2. Die Gerade*

4.2.1. Die Punktrichtungsgleichung der Geraden

Seite 47

1.

λ	-2	-1	0	1	2
$\mathfrak{r}$	$\begin{pmatrix}-3\\-2\\6\end{pmatrix}$	$\begin{pmatrix}-1\\-1\\4\end{pmatrix}$	$\begin{pmatrix}1\\0\\2\end{pmatrix}$	$\begin{pmatrix}3\\0\\1\end{pmatrix}$	$\begin{pmatrix}5\\2\\-2\end{pmatrix}$

Seite 48

2. $P_0(2/1/-3)$, $P_1(3/6/-1)$, $P_2(4/11/1)$

3. a) $\mathfrak{r} = \begin{pmatrix}6\\5\\2\end{pmatrix} + \lambda \begin{pmatrix}-1\\0\\2\end{pmatrix}$ **b)** $\mathfrak{r} = \begin{pmatrix}0\\4\\0\end{pmatrix} + \lambda \begin{pmatrix}3\\2\\1\end{pmatrix}$

4. a) Die Gerade läuft parallel zur xz-Ebene im Abstand 1 LE.

b) Die Gerade läuft parallel zur x-Achse durch $P_1(2/4/3)$.

c) Die Gerade ist die y-Achse.

d) Die Gerade bildet mit allen Koordinatenachsen im I. Oktanten gleiche Winkel.

5. a) $\mathfrak{u} = \begin{pmatrix}0\\0\\u_z\end{pmatrix}$ **b)** $\mathfrak{u} = \begin{pmatrix}0\\u_y\\0\end{pmatrix}$ **c)** $\mathfrak{u} = \begin{pmatrix}u_x\\u_y\\0\end{pmatrix}$

6. a) $\mathfrak{r} = \lambda \begin{pmatrix}\cos 30°\\\cos 60°\end{pmatrix} = \frac{\lambda}{2}\begin{pmatrix}\sqrt{3}\\1\end{pmatrix} \Rightarrow \mathfrak{r} = \mu \begin{pmatrix}\sqrt{3}\\1\end{pmatrix}$

b) $\mathfrak{r} = \lambda \begin{pmatrix}u_x\\u_y\\u_z\end{pmatrix}$ mit $u_x = u_y = u_z$ **c)** Eine solche Gerade gibt es nicht.

7. P_2 liegt nicht auf der Geraden, P_3 doch ($\lambda_3 = 1{,}5$). **8.** $\mathfrak{r} = \begin{pmatrix}2\\1\\-3\end{pmatrix} + \lambda \begin{pmatrix}4\\0\\-5\end{pmatrix}$

4.2.2. Die Zweipunktegleichung der Geraden

Seite 49

1. $\mathfrak{r} = \begin{pmatrix}5\\8\\-3\end{pmatrix} + \lambda \begin{pmatrix}-1\\-11\\-6\end{pmatrix}$

* Es ist eine Besonderheit der Parameterformen, daß sie den geometrischen Gebilden **nicht** eindeutig zugeordnet sind. Deshalb sind in Kap. 4.2 und 4.3 als Lösungen immer die angegeben, auf die die nächstliegende Überlegung führt. Die Richtungsvektoren **wurden nicht** verkürzt.

2. a) $\mathfrak{g}_{AB}: \quad \mathfrak{r} = \begin{pmatrix} 2 \\ 1 \\ 0 \end{pmatrix} + \lambda \begin{pmatrix} 5 \\ -5 \\ 5 \end{pmatrix}$

$\mathfrak{g}_{BC}: \quad \mathfrak{r} = \begin{pmatrix} 7 \\ -4 \\ 5 \end{pmatrix} + \lambda \begin{pmatrix} -3 \\ 4 \\ -3 \end{pmatrix}$

$\mathfrak{g}_{CA}: \quad \mathfrak{r} = \begin{pmatrix} 4 \\ 0 \\ 2 \end{pmatrix} + \lambda \begin{pmatrix} -2 \\ 1 \\ -2 \end{pmatrix}$

b) $\mathfrak{s}_c: \quad \mathfrak{r} = \begin{pmatrix} 4{,}5 \\ -1{,}5 \\ 2{,}5 \end{pmatrix} + \lambda \begin{pmatrix} -0{,}5 \\ 1{,}5 \\ -0{,}5 \end{pmatrix}$

$\mathfrak{s}_a: \quad \mathfrak{r} = \begin{pmatrix} 5{,}5 \\ -2 \\ 3{,}5 \end{pmatrix} + \lambda \begin{pmatrix} -3{,}5 \\ 3 \\ -3{,}5 \end{pmatrix}$

$\mathfrak{s}_b: \quad \mathfrak{r} = \begin{pmatrix} 3 \\ 0{,}5 \\ 1 \end{pmatrix} + \lambda \begin{pmatrix} 4 \\ -4{,}5 \\ 4 \end{pmatrix}$

Seite 50

3. a) $\mathfrak{g}_{AB}: \quad \mathfrak{r} = \begin{pmatrix} 5 \\ 2 \\ 7 \end{pmatrix} + \lambda \begin{pmatrix} -1 \\ -2 \\ -5 \end{pmatrix}$

$\mathfrak{g}_{AC}: \quad \mathfrak{r} = \begin{pmatrix} 5 \\ 2 \\ 7 \end{pmatrix} + \lambda \begin{pmatrix} -4 \\ 3 \\ -7 \end{pmatrix}$

$\mathfrak{g}_{AD}: \quad \mathfrak{r} = \begin{pmatrix} 5 \\ 2 \\ 7 \end{pmatrix} + \lambda \begin{pmatrix} -2 \\ 2 \\ -6 \end{pmatrix}$

$\mathfrak{g}_{BC}: \quad \mathfrak{r} = \begin{pmatrix} 4 \\ 0 \\ 2 \end{pmatrix} + \lambda \begin{pmatrix} -3 \\ 5 \\ -2 \end{pmatrix}$

$\mathfrak{g}_{BD}: \quad \mathfrak{r} = \begin{pmatrix} 4 \\ 0 \\ 2 \end{pmatrix} + \lambda \begin{pmatrix} -1 \\ 4 \\ -1 \end{pmatrix}$

$\mathfrak{g}_{CD}: \quad \mathfrak{r} = \begin{pmatrix} 1 \\ 5 \\ 0 \end{pmatrix} + \lambda \begin{pmatrix} 2 \\ -1 \\ 1 \end{pmatrix}$

b) Schwerpunkte der Seitenflächen:

$S_{BCD}\left(\frac{8}{3}\Big/3\Big/1\right)$, $S_{ACD}\left(3\Big/\frac{11}{3}\Big/\frac{8}{3}\right)$, $S_{ABD}\left(4\Big/2\Big/\frac{10}{3}\right)$, $S_{ABC}\left(\frac{10}{3}\Big/\frac{7}{3}\Big/3\right)$

Geraden:

$\mathfrak{g}_A: \quad \mathfrak{r} = \begin{pmatrix} 5 \\ 2 \\ 7 \end{pmatrix} + \lambda \begin{pmatrix} -\frac{7}{3} \\ 1 \\ -6 \end{pmatrix}$

$\mathfrak{g}_B: \quad \mathfrak{r} = \begin{pmatrix} 4 \\ 0 \\ 2 \end{pmatrix} + \lambda \begin{pmatrix} -1 \\ \frac{11}{3} \\ \frac{2}{3} \end{pmatrix}$

$\mathfrak{g}_C: \quad \mathfrak{r} = \begin{pmatrix} 1 \\ 5 \\ 0 \end{pmatrix} + \lambda \begin{pmatrix} 3 \\ -3 \\ \frac{10}{3} \end{pmatrix}$

$\mathfrak{g}_D: \quad \mathfrak{r} = \begin{pmatrix} 3 \\ 4 \\ 1 \end{pmatrix} + \lambda \begin{pmatrix} \frac{1}{3} \\ -\frac{5}{3} \\ 2 \end{pmatrix}$

c) $M_{AB}(4{,}5/1/4{,}5)$ $\quad M_{CD}(2/4{,}5/0{,}5)$ $\quad \mathfrak{r} = \begin{pmatrix} 4{,}5 \\ 1 \\ 4{,}5 \end{pmatrix} + \lambda \begin{pmatrix} -2{,}5 \\ 3{,}5 \\ -4 \end{pmatrix}$

$M_{AC}(3/3{,}5/3{,}5)$ $\quad M_{BD}(3{,}5/2/1{,}5)$ $\quad \mathfrak{r} = \begin{pmatrix} 3 \\ 3{,}5 \\ 3{,}5 \end{pmatrix} + \lambda \begin{pmatrix} 0{,}5 \\ -1{,}5 \\ -2 \end{pmatrix}$

$M_{AD}(4/3/4)$ $\quad M_{BC}(2{,}5/2{,}5/1)$ $\quad \mathfrak{r} = \begin{pmatrix} 4 \\ 3 \\ 4 \end{pmatrix} + \lambda \begin{pmatrix} -1{,}5 \\ -0{,}5 \\ -3 \end{pmatrix}$

4. Bezeichnung der Eckpunkte und Vektoren wie in Bild 28.3.
Wir führen ein affines Koordinatensystem mit dem Ursprung A und den Basisvektoren $\mathfrak{a} = \begin{pmatrix}1\\0\\0\end{pmatrix}$, $\mathfrak{b} = \begin{pmatrix}0\\1\\0\end{pmatrix}$ und $\mathfrak{c} = \begin{pmatrix}0\\0\\1\end{pmatrix}$ ein.

Flächendiagonalen:

$g_{AC}\colon \mathfrak{r} = \lambda \begin{pmatrix}1\\1\\0\end{pmatrix}$ $\qquad$ $g_{EG}\colon \mathfrak{r} = \begin{pmatrix}0\\0\\1\end{pmatrix} + \lambda \begin{pmatrix}1\\1\\0\end{pmatrix}$

$g_{BD}\colon \mathfrak{r} = \begin{pmatrix}1\\0\\0\end{pmatrix} + \lambda \begin{pmatrix}-1\\1\\0\end{pmatrix}$ $\qquad$ $g_{FH}\colon \mathfrak{r} = \begin{pmatrix}1\\0\\1\end{pmatrix} + \lambda \begin{pmatrix}-1\\1\\0\end{pmatrix}$

$g_{AF}\colon \mathfrak{r} = \lambda \begin{pmatrix}1\\0\\1\end{pmatrix}$ $\qquad$ $g_{DG}\colon \mathfrak{r} = \begin{pmatrix}0\\1\\0\end{pmatrix} + \lambda \begin{pmatrix}1\\0\\1\end{pmatrix}$

$g_{BE}\colon \mathfrak{r} = \begin{pmatrix}1\\0\\0\end{pmatrix} + \lambda \begin{pmatrix}-1\\0\\1\end{pmatrix}$ $\qquad$ $g_{CH}\colon \mathfrak{r} = \begin{pmatrix}1\\1\\0\end{pmatrix} + \lambda \begin{pmatrix}-1\\0\\1\end{pmatrix}$

$g_{AH}\colon \mathfrak{r} = \lambda \begin{pmatrix}0\\1\\1\end{pmatrix}$ $\qquad$ $g_{BG}\colon \mathfrak{r} = \begin{pmatrix}1\\0\\0\end{pmatrix} + \lambda \begin{pmatrix}0\\1\\1\end{pmatrix}$

$g_{DE}\colon \mathfrak{r} = \begin{pmatrix}0\\1\\0\end{pmatrix} + \lambda \begin{pmatrix}0\\-1\\1\end{pmatrix}$ $\qquad$ $g_{CF}\colon \mathfrak{r} = \begin{pmatrix}1\\1\\0\end{pmatrix} + \lambda \begin{pmatrix}0\\-1\\1\end{pmatrix}$

Raumdiagonalen:

$g_{AG}\colon \mathfrak{r} = \lambda \begin{pmatrix}1\\1\\1\end{pmatrix}$ $\qquad$ $g_{BH}\colon \mathfrak{r} = \begin{pmatrix}1\\0\\0\end{pmatrix} + \lambda \begin{pmatrix}-1\\1\\1\end{pmatrix}$

$g_{CE}\colon \mathfrak{r} = \begin{pmatrix}1\\1\\0\end{pmatrix} + \lambda \begin{pmatrix}-1\\-1\\1\end{pmatrix}$ $\qquad$ $g_{DF}\colon \mathfrak{r} = \begin{pmatrix}0\\1\\0\end{pmatrix} + \lambda \begin{pmatrix}1\\-1\\1\end{pmatrix}$

5. Vorbemerkung wie bei Aufg. 4

$M_{AB}\left(\frac{1}{2}/0/0\right)$ $\qquad$ $M_{GH}\left(\frac{1}{2}/1/1\right)$ $\qquad$ $\mathfrak{r} = \begin{pmatrix}\frac{1}{2}\\0\\0\end{pmatrix} + \lambda \begin{pmatrix}0\\1\\1\end{pmatrix}$

$M_{BC}\left(1/\frac{1}{2}/0\right)$ $\quad M_{EH}\left(0/\frac{1}{2}/1\right)$ $\quad \mathfrak{r} = \begin{pmatrix} 1 \\ \frac{1}{2} \\ 0 \end{pmatrix} + \lambda \begin{pmatrix} -1 \\ 0 \\ 1 \end{pmatrix}$

$M_{CD}\left(\frac{1}{2}/1/0\right)$ $\quad M_{EF}\left(\frac{1}{2}/0/1\right)$ $\quad \mathfrak{r} = \begin{pmatrix} \frac{1}{2} \\ 1 \\ 0 \end{pmatrix} + \lambda \begin{pmatrix} 0 \\ -1 \\ 1 \end{pmatrix}$

$M_{AD}\left(0/\frac{1}{2}/0\right)$ $\quad M_{FG}\left(1/\frac{1}{2}/1\right)$ $\quad \mathfrak{r} = \begin{pmatrix} 0 \\ \frac{1}{2} \\ 0 \end{pmatrix} + \lambda \begin{pmatrix} 1 \\ 0 \\ 1 \end{pmatrix}$

$M_{AE}\left(0/0/\frac{1}{2}\right)$ $\quad M_{CG}\left(1/1/\frac{1}{2}\right)$ $\quad \mathfrak{r} = \begin{pmatrix} 0 \\ 0 \\ \frac{1}{2} \end{pmatrix} + \lambda \begin{pmatrix} 1 \\ 1 \\ 0 \end{pmatrix}$

$M_{BF}\left(1/0/\frac{1}{2}\right)$ $\quad M_{DH}\left(0/1/\frac{1}{2}\right)$ $\quad \mathfrak{r} = \begin{pmatrix} 1 \\ 0 \\ \frac{1}{2} \end{pmatrix} + \lambda \begin{pmatrix} -1 \\ 1 \\ 0 \end{pmatrix}$

6. Wir führen ein Koordinatensystem so ein,

daß $\overrightarrow{OA} = \mathfrak{a} = \begin{pmatrix} 1 \\ 0 \\ 0 \end{pmatrix}$, $\overrightarrow{OB} = \mathfrak{b} = \begin{pmatrix} 0 \\ 1 \\ 0 \end{pmatrix}$

und $\overrightarrow{OC} = \mathfrak{c} = \begin{pmatrix} 0 \\ 0 \\ 1 \end{pmatrix}$ Basisvektoren sind.

Dann ergeben sich die Eckpunkte zu

A(1/0/0) D(−1/0/0)
B(0/1/0) E(0/−1/0)
C(0/0/1) F(0/0/−1).

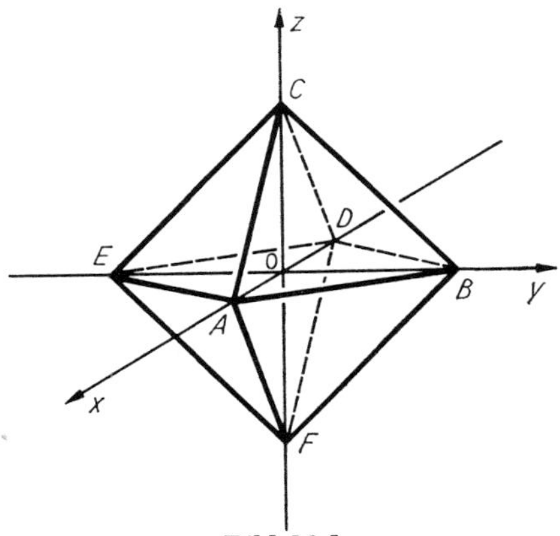

Bild 18.1

Kantengeraden:

$g_{AB}: \mathfrak{r} = \begin{pmatrix} 1 \\ 0 \\ 0 \end{pmatrix} + \lambda \begin{pmatrix} -1 \\ 1 \\ 0 \end{pmatrix}$ $\quad g_{DE}: \mathfrak{r} = \begin{pmatrix} -1 \\ 0 \\ 0 \end{pmatrix} + \lambda \begin{pmatrix} 1 \\ -1 \\ 0 \end{pmatrix}$

$g_{BD}: \mathfrak{r} = \begin{pmatrix} 0 \\ 1 \\ 0 \end{pmatrix} + \lambda \begin{pmatrix} -1 \\ -1 \\ 0 \end{pmatrix}$ $\quad g_{EA}: \mathfrak{r} = \begin{pmatrix} 0 \\ -1 \\ 0 \end{pmatrix} + \lambda \begin{pmatrix} 1 \\ 1 \\ 0 \end{pmatrix}$

$$g_{AC}: \mathfrak{r} = \begin{pmatrix}1\\0\\0\end{pmatrix} + \lambda \begin{pmatrix}-1\\0\\1\end{pmatrix} \qquad g_{DF}: \mathfrak{r} = \begin{pmatrix}-1\\0\\0\end{pmatrix} + \lambda \begin{pmatrix}1\\0\\-1\end{pmatrix}$$

$$g_{CD}: \mathfrak{r} = \begin{pmatrix}0\\0\\1\end{pmatrix} + \lambda \begin{pmatrix}-1\\0\\-1\end{pmatrix} \qquad g_{FA}: \mathfrak{r} = \begin{pmatrix}0\\0\\-1\end{pmatrix} + \lambda \begin{pmatrix}1\\0\\1\end{pmatrix}$$

$$g_{BC}: \mathfrak{r} = \begin{pmatrix}0\\1\\0\end{pmatrix} + \lambda \begin{pmatrix}0\\-1\\1\end{pmatrix} \qquad g_{EF}: \mathfrak{r} = \begin{pmatrix}0\\-1\\0\end{pmatrix} + \lambda \begin{pmatrix}0\\1\\-1\end{pmatrix}$$

$$g_{CE}: \mathfrak{r} = \begin{pmatrix}0\\0\\1\end{pmatrix} + \lambda \begin{pmatrix}0\\-1\\-1\end{pmatrix} \qquad g_{FB}: \mathfrak{r} = \begin{pmatrix}0\\0\\-1\end{pmatrix} + \lambda \begin{pmatrix}0\\1\\1\end{pmatrix}$$

7. Die Kantenlänge des Tetraeders sei a.

a) Wir führen ein affines Koordinatensystem ein mit dem Ursprung D und den Basisvektoren

$$\overrightarrow{DA} = \mathfrak{a} = \begin{pmatrix}1\\0\\0\end{pmatrix}, \qquad \overrightarrow{DB} = \mathfrak{b} = \begin{pmatrix}0\\1\\0\end{pmatrix},$$

$$\overrightarrow{DC} = \mathfrak{c} = \begin{pmatrix}0\\0\\1\end{pmatrix}.$$

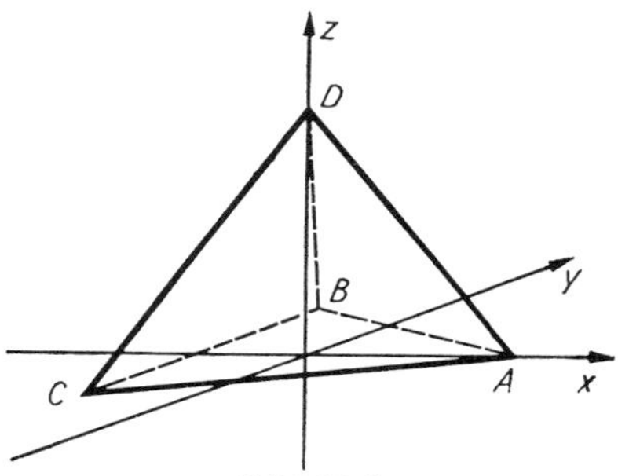

Bild 19.1

Dann ergibt sich für die Eckpunkte:
D(0/0/0), A(1/0/0), B(0/1/0), C(0/0/1).

Geradengleichungen:

$$g_{DA}: \mathfrak{r} = \lambda \begin{pmatrix}1\\0\\0\end{pmatrix} \qquad g_{AB}: \mathfrak{r} = \begin{pmatrix}1\\0\\0\end{pmatrix} + \lambda \begin{pmatrix}-1\\1\\0\end{pmatrix}$$

$$g_{DB}: \mathfrak{r} = \lambda \begin{pmatrix}0\\1\\0\end{pmatrix} \qquad g_{BC}: \mathfrak{r} = \begin{pmatrix}0\\1\\0\end{pmatrix} + \lambda \begin{pmatrix}0\\-1\\1\end{pmatrix}$$

$$g_{DC}: \mathfrak{r} = \lambda \begin{pmatrix}0\\0\\1\end{pmatrix} \qquad g_{CA}: \mathfrak{r} = \begin{pmatrix}0\\0\\1\end{pmatrix} + \lambda \begin{pmatrix}1\\0\\-1\end{pmatrix}$$

b) Wahl des Kartesischen Koordinatensystems s. Bild 19.1

$$A\left(\frac{a}{3}\sqrt{3}\Big/0\Big/0\right), \quad B\left(-\frac{a}{6}\sqrt{3}\Big/\frac{a}{2}\Big/0\right), \quad C\left(-\frac{a}{6}\sqrt{3}\Big/-\frac{a}{2}\Big/0\right),$$

$$D\left(0\Big/0\Big/a\sqrt{\frac{2}{3}}\right)$$

$$g_{DA}: \mathfrak{r} = \begin{pmatrix} 0 \\ 0 \\ a\sqrt{\frac{2}{3}} \end{pmatrix} + \lambda \begin{pmatrix} \frac{a}{3}\sqrt{3} \\ 0 \\ -a\sqrt{\frac{2}{3}} \end{pmatrix} \qquad g_{AB}: \mathfrak{r} = \begin{pmatrix} \frac{a}{3}\sqrt{3} \\ 0 \\ 0 \end{pmatrix} + \lambda \begin{pmatrix} -\frac{a}{2}\sqrt{3} \\ \frac{a}{2} \\ 0 \end{pmatrix}$$

$$g_{DB}: \mathfrak{r} = \begin{pmatrix} 0 \\ 0 \\ a\sqrt{\frac{2}{3}} \end{pmatrix} + \lambda \begin{pmatrix} -\frac{a}{6}\sqrt{3} \\ \frac{a}{2} \\ -a\sqrt{\frac{2}{3}} \end{pmatrix} \qquad g_{BC}: \mathfrak{r} = \begin{pmatrix} -\frac{a}{6}\sqrt{3} \\ \frac{a}{2} \\ 0 \end{pmatrix} + \lambda \begin{pmatrix} 0 \\ -a \\ 0 \end{pmatrix}$$

$$g_{DC}: \mathfrak{r} = \begin{pmatrix} 0 \\ 0 \\ a\sqrt{\frac{2}{3}} \end{pmatrix} + \lambda \begin{pmatrix} -\frac{a}{6}\sqrt{3} \\ -\frac{a}{2} \\ -a\sqrt{\frac{2}{3}} \end{pmatrix} \qquad g_{CA}: \mathfrak{r} = \begin{pmatrix} -\frac{a}{6}\sqrt{3} \\ -\frac{a}{2} \\ 0 \end{pmatrix} + \lambda \begin{pmatrix} \frac{a}{2}\sqrt{3} \\ \frac{a}{2} \\ 0 \end{pmatrix}$$

8. Beide Punkte liegen nicht auf der Geraden.

4.2.3. Projektion von Geraden auf die Koordinatenebenen

Seite 52

1. In dem durch $\mathfrak{a}$, $\mathfrak{b}$ und $\mathfrak{c}$ erzeugten affinen Koordinatensystem gilt für den Vektor $\mathfrak{d}$ der Raumdiagonalen

$$\mathfrak{d} = \mathfrak{a} + \mathfrak{b} + \mathfrak{c} = \begin{pmatrix} 1 \\ 1 \\ 1 \end{pmatrix}.$$

Er hat die Projektionen $\mathfrak{d}' = \begin{pmatrix} 1 \\ 1 \\ 0 \end{pmatrix}$, $\mathfrak{d}'' = \begin{pmatrix} 0 \\ 1 \\ 1 \end{pmatrix}$, $\mathfrak{d}''' = \begin{pmatrix} 1 \\ 0 \\ 1 \end{pmatrix}$.

2. $g': \mathfrak{r} = \begin{pmatrix} 3 \\ 1 \\ 0 \end{pmatrix} + \lambda \begin{pmatrix} 1 \\ 2 \\ 0 \end{pmatrix}$, $\quad g'': \mathfrak{r} = \begin{pmatrix} 0 \\ 1 \\ 5 \end{pmatrix} + \lambda \begin{pmatrix} 0 \\ 2 \\ -1 \end{pmatrix}$, $\quad g''': \mathfrak{r} = \begin{pmatrix} 3 \\ 0 \\ 5 \end{pmatrix} + \lambda \begin{pmatrix} 1 \\ 0 \\ -1 \end{pmatrix}$.

3. a) P_1 liegt auf g'. **b)** P_2 liegt auf g'', aber nicht auf g'''. **c)** P_3 liegt auf g'''.

4. a) Die z-Koordinaten, **b)** die x-Koordinaten, **c)** die y-Koordinaten der beiden Vektoren können beliebig verändert werden.

4.2.4. Spurpunkte von Geraden

Seite 53

1. $S_{xy}(5/6/0)$, $S_{yz}(0/6/-15)$, kein Spurpunkt auf der xz-Ebene.

2. $0(0/0/0)$ ist der gemeinsame Spurpunkt für alle drei Grundebenen.

3. a) $S_x(8/0)$, $S_y\left(0\big/5\frac{1}{3}\right)$ **b)** $S_x(1/0)$, S_y- **c)** $S_x\left(3\frac{2}{3}\big/0\big/0\right)$, $S_z(0/0/22)$

4. $S_{AB}\left(5\frac{3}{5}/2\frac{4}{5}/0\right)$, $S_{BC}\left(4\frac{1}{2}/-1/0\right)$, $S_{CA}(-1/-20/0)$

Gleichung der Geraden durch S_{CA} und S_{BC}: $\mathfrak{r} = \begin{pmatrix} -1 \\ -20 \\ 0 \end{pmatrix} + \lambda \begin{pmatrix} 5\frac{1}{2} \\ 19 \\ 0 \end{pmatrix}$

Auf dieser Geraden liegt auch $S_{AB}\left(\lambda_s = \frac{6}{5}\right)$.

4.2.5. Parallele und gleiche Geraden

Seite 55

1. Die Geraden sind
   a) gleich, denn $\mathfrak{u}_2 = -1{,}5\, \mathfrak{u}_1$ und $\mathfrak{r}_2 - \mathfrak{r}_1 = 2{,}5\, \mathfrak{u}_1$,
   b) nicht parallel, da $\mathfrak{u}_1$ und $\mathfrak{u}_2$ nicht kollinear,
   c) parallel, aber nicht gleich, denn $\mathfrak{u}_2 = -0{,}2\, \mathfrak{u}_1$ und $\mathfrak{r}_2 - \mathfrak{r}_1$ nicht kollinear mit $\mathfrak{u}_1$,
   d) nicht parallel, da $\mathfrak{u}_1$ und $\mathfrak{u}_2$ nicht kollinear.
2. $AB \parallel DE$, $AD \parallel BC$, $BD \parallel EA$
3. a) $\mathfrak{u}_2 = -\frac{1}{2}\mathfrak{u}_1$, $\mathfrak{r}_2 - \mathfrak{r}_1 = \frac{1}{2}\mathfrak{u}_1$

   b)

μ	-2	-1	0	1	2	..	μ	$1-2\lambda$
λ	$\frac{3}{2}$	1	$\frac{1}{2}$	0	$-\frac{1}{2}$	..	$\frac{1-\mu}{2}$	λ

   c) $g_2: \mathfrak{r} = \mathfrak{r}_2 + \mu\mathfrak{u}_2 \Rightarrow \mathfrak{r} = \mathfrak{r}_1 + \frac{1}{2}\mathfrak{u}_1 - \frac{1}{2}\mu\mathfrak{u}_1 = \mathfrak{r}_1 + \left(\frac{1}{2} - \frac{\mu}{2}\right)\mathfrak{u}_1 = \mathfrak{r}_1 + \lambda\mathfrak{u}_1$

   $\lambda = \frac{1}{2} - \frac{\mu}{2}$
4. g_1 und g_2 schneiden sich in $P_2[\mathfrak{r}_2]$.
5. a) $\overrightarrow{AB} = \begin{pmatrix} -2 \\ 4 \\ 4 \end{pmatrix}$, $\overrightarrow{AC} = \begin{pmatrix} -5 \\ 8 \\ 5 \end{pmatrix}$, $\overrightarrow{AD} = \begin{pmatrix} -3 \\ 3 \\ 3 \end{pmatrix}$

   Da $\begin{vmatrix} -2 & -5 & -3 \\ 4 & 8 & 3 \\ 4 & 5 & 3 \end{vmatrix} = 6 \begin{vmatrix} -1 & -5 & -1 \\ 2 & 8 & 1 \\ 2 & 5 & 1 \end{vmatrix} = 18 \neq 0$, sind $\overrightarrow{AB}$, $\overrightarrow{AC}$ und $\overrightarrow{AD}$ nicht komplanar (*Satz* 4.4).

   b) Ja, denn: $M_{AB}(4/4/2)$, $M_{BC}(1{,}5/8/4{,}5)$, $M_{CD}(1/7{,}5/4)$, $M_{DA}(3{,}5/3{,}5/1{,}5)$,

   $\Rightarrow \overrightarrow{M_{AB}M_{BC}} = \begin{pmatrix} -2{,}5 \\ 4 \\ 2{,}5 \end{pmatrix} = \mathfrak{m}_1$ $\quad \overrightarrow{M_{CD}M_{DA}} = \begin{pmatrix} 2{,}5 \\ -4 \\ -2{,}5 \end{pmatrix} = \mathfrak{m}_3 \quad \mathfrak{m}_1 = -\mathfrak{m}_3$

   $\overrightarrow{M_{BC}M_{CD}} = \begin{pmatrix} -0{,}5 \\ -0{,}5 \\ -0{,}5 \end{pmatrix} = \mathfrak{m}_2$ $\quad \overrightarrow{M_{DA}M_{AB}} = \begin{pmatrix} 0{,}5 \\ 0{,}5 \\ 0{,}5 \end{pmatrix} = \mathfrak{m}_4 \quad \mathfrak{m}_2 = -\mathfrak{m}_4$

c) Es sei $\overrightarrow{DA} = \mathfrak{a}$, $\overrightarrow{DB} = \mathfrak{b}$, $\overrightarrow{DC} = \mathfrak{c}$.

Dann ist $\overrightarrow{DM_{AB}} = \frac{\mathfrak{a}+\mathfrak{b}}{2}$, $\overrightarrow{DM_{BC}} = \frac{\mathfrak{b}+\mathfrak{c}}{2}$, $\overrightarrow{DM_{CD}} = \frac{\mathfrak{c}}{2}$, $\overrightarrow{DM_{DA}} = \frac{\mathfrak{a}}{2}$

$\mathfrak{m}_1 = \frac{\mathfrak{c}-\mathfrak{a}}{2}$, $\mathfrak{m}_3 = \frac{\mathfrak{a}-\mathfrak{c}}{2}$, $\mathfrak{m}_1 = -\mathfrak{m}_3$

$\mathfrak{m}_2 = -\frac{\mathfrak{b}}{2}$, $\mathfrak{m}_4 = \frac{\mathfrak{b}}{2}$, $\mathfrak{m}_2 = -\mathfrak{m}_4$

Bezeichnung wie in b). Da die Richtungsvektoren kollinear sind, laufen die Geraden parallel.

6. Parallele Geraden: $g_1\colon \mathfrak{r} = \mathfrak{r}_1 + \lambda\mathfrak{u}$, $g_2\colon \mathfrak{r} = \mathfrak{r}_2 + \mu\mathfrak{u}$
Projektionen: $g_1'\colon \mathfrak{r} = \mathfrak{r}_1' + \lambda\mathfrak{u}'$, $g_2'\colon \mathfrak{r} = \mathfrak{r}_2' + \mu\mathfrak{u}'$.
Die Kollinearität der Richtungsvektoren bleibt bei Parallelprojektion erhalten.

4.2.6. Sich schneidende und windschiefe Geraden

Seite 59

1. Die beiden Geraden
   a) schneiden sich in S (4/3) $(\lambda_s = 1/\mu_s = -3)$
   b) schneiden sich in S (5/0/2) $(\lambda_s = 2/\mu_s = 0)$
   c) schneiden sich in S (4/2/3) $(\lambda_s = -1/\mu_s = -2)$
   d) sind windschief
   e) sind parallel
   f) schneiden sich in $S\left(3\frac{1}{3}\Big/5\frac{1}{3}\Big/0\right)$ $\left(\lambda_s = \frac{1}{3}\Big/\mu_s = \frac{2}{3}\right)$
   g) sind gleich
   h) sind windschief
   i) schneiden sich in S (6/−1/15) $(\lambda_s = 0/\mu_s = -2)$

2. a) Die Geraden sind windschief.
   b) Die Geraden schneiden sich in S (4/8/4). Ist eine der Geraden zur xz-Ebene parallel, braucht es keinen Schnittpunkt zu geben.

3. Gleichungen der Raumdiagonalen:

a) $d_1\colon \mathfrak{r} = \lambda\begin{pmatrix}10\\8\\8\end{pmatrix}$

$d_2\colon \mathfrak{r} = \begin{pmatrix}3\\2\\4\end{pmatrix} + \mu\begin{pmatrix}4\\4\\0\end{pmatrix}$

$d_3\colon \mathfrak{r} = \begin{pmatrix}5\\1\\3\end{pmatrix} + \varrho\begin{pmatrix}0\\6\\2\end{pmatrix}$

$d_4\colon \mathfrak{r} = \begin{pmatrix}2\\5\\1\end{pmatrix} + \sigma\begin{pmatrix}6\\-2\\6\end{pmatrix}$

b) $d_1\colon \mathfrak{r} = \lambda(\mathfrak{a}+\mathfrak{b}+\mathfrak{c})$

$d_2\colon \mathfrak{r} = \mathfrak{a} + \mu(-\mathfrak{a}+\mathfrak{b}+\mathfrak{c})$

$d_3\colon \mathfrak{r} = \mathfrak{b} + \varrho(\mathfrak{a}-\mathfrak{b}+\mathfrak{c})$

$d_4\colon \mathfrak{r} = \mathfrak{c} + \sigma(\mathfrak{a}+\mathfrak{b}-\mathfrak{c})$

Schnittpunkt von d_1 und d_2:

$S(5/4/4) \quad \left(\lambda_s = \frac{1}{2} \Big/ \mu_s = \frac{1}{2}\right) \qquad S\left(\frac{1}{2}\Big/\frac{1}{2}\Big/\frac{1}{2}\right) \quad \left(\lambda_s = \frac{1}{2} \Big/ \mu_s = \frac{1}{2}\right)$

S liegt auch auf d_3 und $d_4\left(\varrho_s = \frac{1}{2}, \quad \sigma_s = \frac{1}{2}\right)$.

Seite 60

4. $g_{AD}\colon \mathfrak{r} = \begin{pmatrix}2\\1\\0\end{pmatrix} + \lambda\begin{pmatrix}2\\2\\2\end{pmatrix}, \quad g_{BC}\colon \mathfrak{r} = \begin{pmatrix}10\\3\\8\end{pmatrix} + \mu\begin{pmatrix}-2\\2\\-2\end{pmatrix};$

   $S_1(7/6/5) \quad (\lambda_{S_1} = 2{,}5/\mu_{S_1} = 1{,}5)$

   $g_{AB}\colon \mathfrak{r} = \begin{pmatrix}2\\1\\0\end{pmatrix} + \lambda\begin{pmatrix}8\\2\\8\end{pmatrix}, \quad g_{CD}\colon \mathfrak{r} = \begin{pmatrix}8\\5\\6\end{pmatrix} + \mu\begin{pmatrix}-4\\-2\\-4\end{pmatrix};$

   $S_2(-2/0/-4) \quad \left(\lambda_{S_2} = -\frac{1}{2} \Big/ \mu_{S_2} = 2\frac{1}{2}\right)$

   $g_{AC}\colon \mathfrak{r} = \begin{pmatrix}2\\1\\0\end{pmatrix} + \lambda\begin{pmatrix}6\\4\\6\end{pmatrix}, \quad g_{BD}\colon \mathfrak{r} = \begin{pmatrix}10\\3\\8\end{pmatrix} + \mu\begin{pmatrix}-6\\0\\-6\end{pmatrix};$

   $S_3(5/3/3)\left(\lambda_{S_3} = \frac{1}{2} \Big/ \mu_{S_3} = \frac{5}{6}\right)$

5. $P_{12}(3/1/0), \qquad P_{23}(5/1/3), \qquad P_{31}(8/11/5)$

6. $s_A\colon \mathfrak{r} = \begin{pmatrix}2\\1\\2\end{pmatrix} + \lambda\begin{pmatrix}3\\2{,}5\\0{,}5\end{pmatrix}, \quad s_B\colon \mathfrak{r} = \begin{pmatrix}4\\3\\3\end{pmatrix} + \mu\begin{pmatrix}0\\-0{,}5\\-1\end{pmatrix}, \quad s_C\colon \mathfrak{r} = \begin{pmatrix}6\\4\\2\end{pmatrix} + \nu\begin{pmatrix}-3\\-2\\0{,}5\end{pmatrix}$

   Schnittpunkt von s_A und s_B: $S\left(4\Big/2\frac{2}{3}\Big/2\frac{1}{3}\right) \left(\lambda_s = \frac{2}{3}, \ \mu_s = \frac{2}{3}\right)$.

   S liegt auch auf $s_C\left(\nu_s = \frac{2}{3}\right)$.

7. Wenn zwei Geraden sich schneiden, liegen sie in einer Ebene, mit ihnen die Punkte P_1 und P_2 sowie die Richtungsvektoren. Deshalb sind die Vektoren $\mathfrak{r}_2 - \mathfrak{r}_1$, $\mathfrak{u}_1$ und $\mathfrak{u}_2$ komplanar.

8. Sind $\mathfrak{r}_2 - \mathfrak{r}_1$, $\mathfrak{u}_1$, $\mathfrak{u}_2$ komplanar, so liegen die Geraden in einer Ebene. Dann können die Geraden auch parallel sein. Die Umkehrung gilt also nicht.

9. $d_{AC}\colon \mathfrak{r} = \begin{pmatrix}3\\5\\0\end{pmatrix} + \lambda\begin{pmatrix}6\\-2\\4\end{pmatrix}, \quad d_{BD}\colon \mathfrak{r} = \begin{pmatrix}4\\8\\3\end{pmatrix} + \mu\begin{pmatrix}6\\-12\\-3\end{pmatrix},$

   $S(6/4/2) \quad \left(\lambda_s = \frac{1}{2} \Big/ \mu_s = \frac{1}{3}\right)$

10. S sei der Diagonalenschnittpunkt des Vierecks ABCD. Dann muß es Parameterwerte λ_s und μ_s geben, so daß gilt:

$\mathfrak{r}_s = \mathfrak{r}_A + \lambda_s(\mathfrak{r}_C - \mathfrak{r}_A)$ und $\mathfrak{r}_s = \mathfrak{r}_B + \mu_s(\mathfrak{r}_D - \mathfrak{r}_B)$.

Projiziert man auf die xy-Ebene, d. h. läßt man in allen Vektoren die z-Koordinate fort, so müssen diese Beziehungen gültig bleiben. Folglich liegt $\mathfrak{r}_s'$ auf beiden projizierten Diagonalen.

Also: $\mathfrak{r}_s' = \mathfrak{r}_{s'}$, die Projektion des Diagonalenschnittpunkts ist gleich dem Schnittpunkt der projizierten Diagonalen.

11. Wir führen ein affines Koordinatensystem ein mit dem Ursprung C und den Basisvektoren $\overrightarrow{CA} = \mathfrak{a}$ und $\overrightarrow{CB} = \mathfrak{b}$. In ihm ergeben sich die Gleichungen der Seitenhalbierenden zu

$$s_A:\ \mathfrak{r} = \mathfrak{a} + \lambda\left(\frac{\mathfrak{b}}{2} - \mathfrak{a}\right) = \begin{pmatrix}1\\0\end{pmatrix} + \lambda\begin{pmatrix}-1\\ \frac{1}{2}\end{pmatrix}$$

$$s_B:\ \mathfrak{r} = \mathfrak{b} + \mu\left(\frac{\mathfrak{a}}{2} - \mathfrak{b}\right) = \begin{pmatrix}0\\1\end{pmatrix} + \mu\begin{pmatrix}\frac{1}{2}\\ -1\end{pmatrix}$$

$$s_C:\ \mathfrak{r} = \nu\,\frac{\mathfrak{a}+\mathfrak{b}}{2} = \nu\begin{pmatrix}\frac{1}{2}\\ \frac{1}{2}\end{pmatrix}$$

Der Schnittpunkt von s_A und s_B ergibt sich für $\lambda = \mu = \frac{2}{3}$ zu $S\left(\frac{1}{3}\middle/\frac{1}{3}\right)$. Dieser Punkt liegt auch auf $s_C\left(\nu = \frac{2}{3}\right)$.

12. Wir führen ein affines Koordinatensystem ein, dessen Ursprung eine Ecke des Spats ist, von dem die drei Basisvektoren $\mathfrak{a}$, $\mathfrak{b}$, $\mathfrak{c}$ ausgehen. Die drei Geraden haben die Gleichungen:

$$g_1:\ \mathfrak{r} = \frac{\mathfrak{a}}{2} + \lambda(\mathfrak{b}+\mathfrak{c}) \qquad g_2:\ \mathfrak{r} = \frac{\mathfrak{b}}{2} + \mu(\mathfrak{a}+\mathfrak{c}) \qquad g_3:\ \mathfrak{r} = \frac{\mathfrak{c}}{2} + \nu(\mathfrak{a}+\mathfrak{b})$$

Man sieht unmittelbar, daß $\lambda = \mu = \nu = \frac{1}{2}$ Ortsvektoren ergibt, die zum gleichen Punkt $S\left(\frac{1}{2}\middle/\frac{1}{2}\middle/\frac{1}{2}\right)$ führen.

13. P_1, P_2, P_3, P_4 seien die Ecken des Vierflachs. Der Ortsvektor zum Schwerpunkt des Dreiecks $P_1P_2P_3$ ist $\mathfrak{r}_s = \frac{1}{3}(\mathfrak{r}_1 + \mathfrak{r}_2 + \mathfrak{r}_3)$ (Kap. 4.1.4., Beispiel 1).

Demnach ergeben sich die Geradengleichungen:

$$g_1:\ \mathfrak{r} = \mathfrak{r}_1 + \lambda\left(\frac{\mathfrak{r}_2+\mathfrak{r}_3+\mathfrak{r}_4}{3} - \mathfrak{r}_1\right) \qquad g_2:\ \mathfrak{r} = \mathfrak{r}_2 + \mu\left(\frac{\mathfrak{r}_1+\mathfrak{r}_3+\mathfrak{r}_4}{3} - \mathfrak{r}_2\right)$$

$$g_3:\ \mathfrak{r} = \mathfrak{r}_3 + \varrho\left(\frac{\mathfrak{r}_1+\mathfrak{r}_2+\mathfrak{r}_4}{3} - \mathfrak{r}_3\right) \qquad g_4:\ \mathfrak{r} = \mathfrak{r}_4 + \sigma\left(\frac{\mathfrak{r}_1+\mathfrak{r}_2+\mathfrak{r}_3}{3} - \mathfrak{r}_4\right)$$

$\lambda = \mu = \varrho = \sigma = \frac{3}{4}$ führt auf den allen Geraden gemeinsamen Schwerpunkt des Vierflachs: $\mathfrak{r}_s = \frac{1}{4}(\mathfrak{r}_1 + \mathfrak{r}_2 + \mathfrak{r}_3 + \mathfrak{r}_4)$.

Seite 61

4.2.7. Parameterformen linearer Gebilde

1. a) Gerade ohne $P_1[\mathfrak{r}_1]$,
   b) Gerade durch den Ursprung in Richtung $\mathfrak{r}_1 + 3\mathfrak{u}$ ohne $0[\mathfrak{o}]$,
   c) Strecke zwischen $P_0[\mathfrak{r}_1 - \mathfrak{u}]$ und $P_1[\mathfrak{r}_1 + \mathfrak{u}]$,
   d) ganze Gerade,
   e) ganze Gerade, Umformung ergibt Zweipunktegleichung $\mathfrak{r} = \mathfrak{r}_2 + \mu(\mathfrak{r}_1 - \mathfrak{r}_2)$.

2. $\tau = 1 \Rightarrow \mathfrak{r} = \frac{1}{2}(\mathfrak{r}_1 + \mathfrak{r}_2)$

3. Für den Teilpunkt T gilt: $\mathfrak{r}_T = \frac{\mathfrak{r}_2 - 2\mathfrak{r}_3}{1 - 2} = \begin{pmatrix} 4 \\ -6 \\ 13 \end{pmatrix}$.

   Gleichung der gesuchten Geraden: $\mathfrak{r} = \begin{pmatrix} 6 \\ 4 \\ -2 \end{pmatrix} + \lambda \begin{pmatrix} -2 \\ -10 \\ 15 \end{pmatrix}$.

4. a) $\mathfrak{r} = \frac{\mathfrak{r}_1 + \tau(\mathfrak{r}_1 + \mathfrak{u})}{1 + \tau} = \frac{\binom{4}{3} + \tau\binom{6}{4}}{1 + \tau}$
   b) $\mathfrak{r} = \frac{\mathfrak{r}_1^* + \tau\mathfrak{r}_2^*}{1 + \tau}$ mit $\mathfrak{r}_1^* = \mathfrak{r}_1 - \mathfrak{u}$ und $\mathfrak{r}_2^* = \mathfrak{r}_1 + \mathfrak{u} \Rightarrow \mathfrak{r} = \frac{\binom{2}{2} + \tau\binom{6}{4}}{1 + \tau}$

5. a) geradlinig gleichförmige Bewegung, $\alpha)\ \mathfrak{r} = \begin{pmatrix} 6 \\ 2 \\ 5 \end{pmatrix}$, $\beta)\ \mathfrak{r} = \begin{pmatrix} 9 \\ 3{,}5 \\ 9{,}5 \end{pmatrix}$
   b) geradlinige gleichm. beschl. Bewegung, $\alpha)\ \mathfrak{r} = \begin{pmatrix} 0 \\ 0 \\ 40 \end{pmatrix}$, $\beta)\ \mathfrak{r} = \begin{pmatrix} 0 \\ 0 \\ 13{,}75 \end{pmatrix}$
   c) harmonische Bewegung auf der Strecke $P_1(1/0/0)\ P_2(-1/0/0)$, $T = 1$ sec,
   $\alpha)\ \mathfrak{r} = \begin{pmatrix} 1 \\ 0 \\ 0 \end{pmatrix}$, $\beta)\ \mathfrak{r} = \begin{pmatrix} -1 \\ 0 \\ 0 \end{pmatrix}$

Seite 62

6. a) $s = h - \frac{1}{2}gt^2 \Rightarrow t = \sqrt{\frac{2(h - s)}{g}}$ b) $0 = h - \frac{1}{2}gt^2 \Rightarrow t = \sqrt{\frac{2h}{g}}$
7. a) Ausgangshöhe $(t = 0)$: $h = 25$, $25 + 20t - 5t^2 = 25 \Rightarrow t_1 = 0$, $t_2 = 4$ [sec].
   b) $25 + 20t - 5t^2 = 0 \Rightarrow t = 5$ [sec].

4.2.8. Koordinatengleichungen von Geraden

Seite 64

1. $\mathfrak{r} = \frac{\mathfrak{r}_1 + \tau\mathfrak{r}_2}{1 + \tau} \Rightarrow x = \frac{x_1 + \tau x_2}{1 + \tau} \Rightarrow \tau = \frac{x_1 - x}{x - x_2}$. Entsprechend: $\tau = \frac{y_1 - y}{y - y_2}$

   Man erhält $\frac{x_1 - x}{x - x_2} = \frac{y_1 - y}{y - y_2} \Rightarrow \frac{y - y_1}{x - x_1} = \frac{y_2 - y}{x_2 - x}$. Das ist eine Art Zweipunktegleichung.

2. a) $\mathfrak{u}_m = \begin{pmatrix} 1 \\ \frac{2}{3} \end{pmatrix}$ **b)** $\mathfrak{u}_m = \begin{pmatrix} 1 \\ -2 \end{pmatrix}$

3. a) $y - 4 = 2(x - 3)$ **b)** $x - 1 = 0 \Rightarrow x = 1$ **c)** $z - 3 = y - 4$

4. a) $y - 5 = 3(x - 2) \Rightarrow y = 3x - 1$ **b)** $\frac{y - 3}{x - 6} = -\frac{1}{7} \Rightarrow y = -\frac{1}{7}x + 3\frac{6}{7}$

c) $\frac{x}{-12} + \frac{y}{5} = 1 \Rightarrow 5x - 12y = -60$ **d)** $\frac{z - 5}{x - 4} = -\frac{9}{5} \Rightarrow z = -\frac{9}{5}x + 12\frac{1}{5}$

e) $\frac{y}{2} + \frac{z}{4} = 1 \Rightarrow 2y + z = 4$ **f)** $x = -2$ **g)** $y = 3$

5. a) $\mathfrak{r} = \begin{pmatrix} -2 \\ 3 \end{pmatrix} + \lambda \begin{pmatrix} 1 \\ 4 \end{pmatrix}$ **b)** $\mathfrak{r} = \begin{pmatrix} 0 \\ -7 \end{pmatrix} + \lambda \begin{pmatrix} 1 \\ 2 \end{pmatrix}$

c) $\mathfrak{r} = \begin{pmatrix} -1 \\ 2 \end{pmatrix} + \lambda \begin{pmatrix} 4 \\ 3 \end{pmatrix}$ **d)** $\mathfrak{r} = \begin{pmatrix} 2 \\ 0 \\ 0 \end{pmatrix} + \lambda \begin{pmatrix} -2 \\ 0 \\ 3 \end{pmatrix}$

Seite 65

6. $z = -4x + 12$, $z = 3x + 1$, $S\left(1\frac{4}{7}/0/5\frac{5}{7}\right)$

7. a) $\alpha)$ $\mathfrak{r} = \begin{pmatrix} -\frac{1}{2} \\ 0 \end{pmatrix} + \lambda \begin{pmatrix} 1 \\ 2 \end{pmatrix}$, $\beta)$ $\mathfrak{r} = \begin{pmatrix} 0 \\ 1 \end{pmatrix} + \lambda \begin{pmatrix} \frac{1}{2} \\ 1 \end{pmatrix}$, $\gamma)$ $\mathfrak{r} = \begin{pmatrix} -\frac{1}{2} \\ 0 \end{pmatrix} + \lambda \begin{pmatrix} \frac{1}{2} \\ 1 \end{pmatrix}$

b) $\alpha)$ $\mathfrak{r} = \begin{pmatrix} 0 \\ -1 \end{pmatrix} + \lambda \begin{pmatrix} 1 \\ 3 \end{pmatrix}$, $\beta)$ $\mathfrak{r} = \begin{pmatrix} 0 \\ 2 \end{pmatrix} + \lambda \begin{pmatrix} 1 \\ 0 \end{pmatrix}$, $\gamma)$ $\mathfrak{r} = \begin{pmatrix} 0 \\ b \end{pmatrix} + \lambda \begin{pmatrix} 1 \\ m \end{pmatrix}$

4.2.9. Vermischte Aufgaben

1. Der Aufsatz sollte die Punktrichtungsform, die Zweipunkteform und die Parameterform der Geradengleichung enthalten.

2. a) $g\colon\ \mathfrak{r} = \begin{pmatrix} 2 \\ 6 \\ 1 \end{pmatrix} + \lambda \begin{pmatrix} 6 \\ -8 \\ 4 \end{pmatrix}$, $\lambda_s = \frac{3}{4}$, $S(6{,}5/0/4)$

b) $g'\colon\ \mathfrak{r} = \begin{pmatrix} 2 \\ 0 \\ 1 \end{pmatrix} + \lambda \begin{pmatrix} 6 \\ 0 \\ 4 \end{pmatrix}$ **c)** $M(5/2/3)$

3. a) Man bildet die Determinante aus $\overrightarrow{AB}$, $\overrightarrow{AC}$ und $\overrightarrow{AD}$.

$\begin{vmatrix} -2 & 1 & 3 \\ -2 & -6 & -4 \\ -4 & 2 & -2 \end{vmatrix} = -112 \neq 0.$ ABCD ist nicht eben.

b) $\overrightarrow{M_{AB}M_{BC}} = \begin{pmatrix}2{,}5\\3\\3\end{pmatrix} - \begin{pmatrix}2\\6\\2\end{pmatrix} = \begin{pmatrix}0{,}5\\-3\\1\end{pmatrix}$ $\quad \overrightarrow{M_{CD}\,M_{DA}} = \begin{pmatrix}4{,}5\\5\\3\end{pmatrix} - \begin{pmatrix}5\\2\\4\end{pmatrix} = \begin{pmatrix}-0{,}5\\3\\-1\end{pmatrix}$

Da im Viereck $M_{AB}M_{BC}M_{CD}M_{DA}$ zwei Seiten gleich lang und parallel sind, ist es ein Parallelogramm.

c) $S_{ABC}\left(2\frac{2}{3}\Big/4\frac{1}{3}\Big/3\frac{1}{3}\right)$; $\quad \mathfrak{r} = \begin{pmatrix}6\\3\\2\end{pmatrix} + \lambda \begin{pmatrix}-3\frac{1}{3}\\1\frac{1}{3}\\1\frac{1}{3}\end{pmatrix} \Rightarrow \mathfrak{r} = \begin{pmatrix}6\\3\\2\end{pmatrix} + \mu \begin{pmatrix}-5\\2\\2\end{pmatrix}$

4. Gleichungen der Seitenhalbierenden:

$s_A:\ \mathfrak{r} = \begin{pmatrix}4\\2\\1\end{pmatrix} + \lambda \begin{pmatrix}3\\3\\3\end{pmatrix}$, $\quad s_B:\ \mathfrak{r} = \begin{pmatrix}8\\0\\6\end{pmatrix} + \mu \begin{pmatrix}-3\\6\\-4{,}5\end{pmatrix}$, $\quad s_C:\ \mathfrak{r} = \begin{pmatrix}6\\10\\2\end{pmatrix} + \nu \begin{pmatrix}0\\-9\\1{,}5\end{pmatrix}$

Gemeinsamer Punkt: S(6/4/3)

5. a) Da die Geraden in den parallelen Ebenen $y = 1$ und $y = 4$ laufen, können sie sich nicht schneiden.

b) $d_1: \mathfrak{r} = \begin{pmatrix}4\\1\\1\end{pmatrix} + \lambda \begin{pmatrix}-3\\3\\6\end{pmatrix}$, $\quad d_2:\ \mathfrak{r} = \begin{pmatrix}6\\1\\9\end{pmatrix} + \mu \begin{pmatrix}-6\\3\\-6\end{pmatrix}$, $\quad d_3:\ \mathfrak{r} = \begin{pmatrix}5\\-3\\11\end{pmatrix} + \nu \begin{pmatrix}-5\\10\\-10\end{pmatrix}$

Gemeinsamer Punkt: S(2/3/5)

c) Nein

d) $S_{xy}\left(3\frac{3}{4}\Big/1\Big/0\right)$, S_{xz} existiert nicht, da g parallel zur xz-Ebene.

Seite 66

e) $\begin{pmatrix}2\\3\\5\end{pmatrix} = \dfrac{\begin{pmatrix}5\\-3\\11\end{pmatrix} + \tau \begin{pmatrix}0\\7\\1\end{pmatrix}}{1 + \tau} \Rightarrow \tau = 3:2$

f) Berechnung des Teilpunkts: $\mathfrak{r}_T = \dfrac{\begin{pmatrix}1\\4\\7\end{pmatrix} - \frac{5}{2}\begin{pmatrix}0\\4\\3\end{pmatrix}}{1 - \frac{5}{2}} = \begin{pmatrix}-\frac{2}{3}\\4\\\frac{1}{3}\end{pmatrix}$;

$g:\ \mathfrak{r} = \begin{pmatrix}5\\-3\\11\end{pmatrix} + \lambda \begin{pmatrix}-5\frac{2}{3}\\7\\-10\frac{2}{3}\end{pmatrix}$

g) $g'_{23}:\ \mathfrak{r} = \begin{pmatrix}6\\1\\0\end{pmatrix} + \lambda \begin{pmatrix}-1\\-4\\0\end{pmatrix}$ oder $y = 4x - 23$. Das ist nicht die Gerade $2x - y = 12$.

h) $\mathfrak{r} = \begin{pmatrix} 6 \\ 1 \\ 9 \end{pmatrix} + \lambda \begin{pmatrix} -1 \\ 3 \\ -6 \end{pmatrix}$

i) Gerade durch P_2 und Q_2: $\mathfrak{r} = \begin{pmatrix} 6 \\ 1 \\ 9 \end{pmatrix} + \lambda \begin{pmatrix} -6 \\ 3 \\ -6 \end{pmatrix}$

oder $\mathfrak{r} = \begin{pmatrix} 6 \\ 1 \\ 9 \end{pmatrix} + \mu \begin{pmatrix} 2 \\ -1 \\ 2 \end{pmatrix} = \mathfrak{r}_2 + \mu \mathfrak{u}_2$.

Damit ist $\mathfrak{u}_2 = \mathfrak{u}_1$ und $\mathfrak{r}_2 - \mathfrak{r}_1 = \begin{pmatrix} 6 \\ 1 \\ 9 \end{pmatrix} - \begin{pmatrix} 0 \\ 4 \\ 3 \end{pmatrix} = \begin{pmatrix} 6 \\ -3 \\ 6 \end{pmatrix} = 3\mathfrak{u}_1$.

Die Geraden sind gleich.

4.3. Die Ebene

4.3.1. Die Punktrichtungsgleichung der Ebene

Seite 67

1. $\mathfrak{r} = \begin{pmatrix} 4 \\ 5 \\ 1 \end{pmatrix} + \lambda \begin{pmatrix} -1 \\ 3 \\ 2 \end{pmatrix} + \mu \begin{pmatrix} 2 \\ 5 \\ 0 \end{pmatrix}$

2. a) (5/2/8), **b)** (7/0/2), **c)** (–5/0/–4), **d)** (8/1/6)

3. $(\lambda/\mu) = \dots$ **a)** (–1/2), **b)** (0/–1), **c)** (0/0), **d)** (–2/2,5)

Seite 68

4. a) nein, **b)** ja, $(\lambda/\mu) = (1/-2)$

5. Andernfalls erhält man nur Punkte auf einer Geraden.

6. a) $\mathfrak{r} = \lambda \begin{pmatrix} 1 \\ 0 \end{pmatrix} + \mu \begin{pmatrix} 0 \\ 1 \end{pmatrix}$ **b)** $\mathfrak{r} = \mathfrak{r}_1 + \lambda \begin{pmatrix} 1 \\ 0 \\ 0 \end{pmatrix} + \mu \begin{pmatrix} 0 \\ 0 \\ 1 \end{pmatrix}$ **c)** $\mathfrak{r} = \lambda \begin{pmatrix} 1 \\ 0 \\ 0 \end{pmatrix} + \mu \begin{pmatrix} 0 \\ 1 \\ 1 \end{pmatrix}$

(nur Beispiele!)

7. a) die xz-Ebene, **b)** keine Ebene, da die Richtungsvektoren kollinear.

8. $\mathfrak{r} = \begin{pmatrix} 2 \\ 1 \\ 4 \end{pmatrix} + \lambda \begin{pmatrix} 3 \\ 2 \\ 4 \end{pmatrix} + \mu \begin{pmatrix} 2 \\ 0 \\ -3 \end{pmatrix}$

9. Da die Geraden sich in S(2/0/–1) schneiden, liegen sie in der Ebene

$\mathfrak{r} = \begin{pmatrix} 2 \\ 0 \\ -1 \end{pmatrix} + \lambda \begin{pmatrix} 4 \\ -3 \\ 5 \end{pmatrix} + \mu \begin{pmatrix} 3 \\ 4 \\ -2 \end{pmatrix}$.

10. **a)** (0/0/19) **b)** (1,5/1,5/11) **c)** (3/3/3) **d)** (2/4/6)

11. Innerhalb der Parallelogrammfläche liegen alle Punkte der Ebene

$$E: \mathfrak{r} = \lambda \begin{pmatrix} 2 \\ 1 \\ 6 \end{pmatrix} + \mu \begin{pmatrix} 5 \\ 4 \\ 2 \end{pmatrix}, \text{ für die gilt } 0 < \lambda < 1 \text{ und } 0 < \mu < 1.$$

a) $\mathfrak{r}_1 = 0{,}1\,\mathfrak{u} + 0{,}7\,\mathfrak{v} \Rightarrow P_1$ liegt innerhalb
b) $\mathfrak{r}_2 = 0{,}9\,\mathfrak{u} - 0{,}1\,\mathfrak{v} \Rightarrow P_2$ liegt außerhalb.

Seite 69

12. Die Gerade $\mathfrak{r} = (\mathfrak{r}_1 + \lambda_0 \mathfrak{u}) + \mu \mathfrak{v}$

13. Die Ebene enthält sowohl den Punkt (6/0/4) ($\lambda = 1$, $\mu = 1$) als auch die Richtung $\begin{pmatrix} 4 \\ -1 \\ 5 \end{pmatrix}$ ($\lambda = 1$, $\mu = 2$). Also liegt die Gerade in der Ebene.

14. Auf der Geraden $\mathfrak{r} = \begin{pmatrix} 2 \\ 0 \\ 1 \end{pmatrix} + \lambda \begin{pmatrix} 4 \\ 1 \\ 1 \end{pmatrix} + (1 - \lambda) \begin{pmatrix} 0 \\ -1 \\ 2 \end{pmatrix} = \begin{pmatrix} 2 \\ -1 \\ 3 \end{pmatrix} + \lambda \begin{pmatrix} 4 \\ 2 \\ -1 \end{pmatrix}$.

15. **a)** Die Halbebene in Richtung von $\mathfrak{u}$, die von der Geraden $\mathfrak{r} = \mathfrak{r}_1 + \mu \mathfrak{v}$ begrenzt wird,

b) wie a), aber ohne den von $\mathfrak{r}_1$ in Richtung von $\mathfrak{u}$ gehenden Strahl,

c) die Ebene $\mathfrak{r} = \mathfrak{r}_1 + \lambda \mathfrak{u} + \mu \mathfrak{v}$ ohne die Achsen des von $\mathfrak{u}$ und $\mathfrak{v}$ aufgespannten affinen Koordinatensystems,

d) die Viertelebene, die P_1 und das von $\mathfrak{u}$ und $\mathfrak{v}$ aufgespannte Parallelogramm enthält,

e) ein Streifen, der die Gerade $\mathfrak{r} = \mathfrak{r}_1 + \lambda \mathfrak{u}$ als Mittelparallele enthält und der die Breite $2v\,|\sin(\mathfrak{u}; \mathfrak{v})|$ hat,

f) der ganze Raum, falls $\mathfrak{u}$, $\mathfrak{v}$, $\mathfrak{w}$ nicht komplanar.

16. $\mathfrak{r} = \lambda \begin{pmatrix} 1 \\ 1 \end{pmatrix} + \sin\varphi \begin{pmatrix} -1 \\ 1 \end{pmatrix}$

4.3.2. Die Dreipunktegleichung der Ebene

Seite 70

1. $\mathfrak{r} = \begin{pmatrix} 6 \\ -1 \\ 4 \end{pmatrix} + \lambda \begin{pmatrix} -1 \\ 5 \\ -4 \end{pmatrix} + \mu \begin{pmatrix} -3 \\ 0 \\ -9 \end{pmatrix}$ **2.** $\mathfrak{r} = \begin{pmatrix} 4 \\ 2 \\ 1 \end{pmatrix} + \lambda \begin{pmatrix} 2 \\ 2 \\ -2 \end{pmatrix} + \mu \begin{pmatrix} 1 \\ -5 \\ -3 \end{pmatrix}$

3. Nein. **4.** D liegt in der Ebene des Dreiecks ABC, das Viereck ist eben.

5. $E_{ABC}: \mathfrak{r} = \begin{pmatrix}2\\1\\0\end{pmatrix} + \lambda \begin{pmatrix}3\\3\\1\end{pmatrix} + \mu \begin{pmatrix}1\\2\\2\end{pmatrix}$ $\qquad E_{ABD}: \mathfrak{r} = \begin{pmatrix}2\\1\\0\end{pmatrix} + \lambda \begin{pmatrix}3\\3\\1\end{pmatrix} + \mu \begin{pmatrix}2\\1\\6\end{pmatrix}$

$E_{ACD}: \mathfrak{r} = \begin{pmatrix}2\\1\\0\end{pmatrix} + \lambda \begin{pmatrix}1\\2\\2\end{pmatrix} + \mu \begin{pmatrix}2\\1\\6\end{pmatrix}$ $\qquad E_{BCD}: \mathfrak{r} = \begin{pmatrix}5\\4\\1\end{pmatrix} + \lambda \begin{pmatrix}-2\\-1\\1\end{pmatrix} + \mu \begin{pmatrix}-1\\-2\\5\end{pmatrix}$

6. $\mathfrak{r} = \begin{pmatrix}3\\1\\0\end{pmatrix} + \lambda \begin{pmatrix}0\\1\\3\end{pmatrix} + \mu \begin{pmatrix}0\\1\\4\end{pmatrix}$

7. Da P_0 auf g liegt, wird durch P_0 und g keine Ebene eindeutig bestimmt.

8. a) $\mathfrak{r} = \begin{pmatrix}3\\2\\4\end{pmatrix} + \lambda \begin{pmatrix}6\\5\\-3\end{pmatrix} + \mu \begin{pmatrix}1\\8\\4\end{pmatrix}$ **b)** Q liegt nicht in der Ebene.

9. a) $S\left(5\Big/\frac{1}{2}\Big/3\frac{1}{2}\right)$ **b)** $\mathfrak{r} = \begin{pmatrix}5\\ \frac{1}{2}\\ 3\frac{1}{2}\end{pmatrix} + \lambda \begin{pmatrix}-4\\1\\3\end{pmatrix} + \mu \begin{pmatrix}2\\3\\-1\end{pmatrix}$

Seite 71

10. a) $\mathfrak{r} = \begin{pmatrix}3\\1\\5\end{pmatrix} + \lambda \begin{pmatrix}2\\-3\\0{,}5\end{pmatrix} + \mu \begin{pmatrix}2\\-3\\-4\end{pmatrix}$ (die Geraden sind parallel)

b) da $g_1 = g_2$, wird durch die Geraden keine Ebene eindeutig bestimmt.

11. Ja, die Vektoren $\overrightarrow{OA}$, $\overrightarrow{OB}$ und $\overrightarrow{OC}$ sind komplanar.

12. a) ABCD: $\mathfrak{r} = \lambda \begin{pmatrix}1\\0\\0\end{pmatrix} + \mu \begin{pmatrix}0\\1\\0\end{pmatrix}$ $\qquad$ EFGH: $\mathfrak{r} = \begin{pmatrix}0\\0\\1\end{pmatrix} + \lambda \begin{pmatrix}1\\0\\0\end{pmatrix} + \mu \begin{pmatrix}0\\1\\0\end{pmatrix}$

DCGH: $\mathfrak{r} = \lambda \begin{pmatrix}0\\1\\0\end{pmatrix} + \mu \begin{pmatrix}0\\0\\1\end{pmatrix}$ $\qquad$ ABFE: $\mathfrak{r} = \begin{pmatrix}1\\0\\0\end{pmatrix} + \lambda \begin{pmatrix}0\\1\\0\end{pmatrix} + \mu \begin{pmatrix}0\\0\\1\end{pmatrix}$

ADHE: $\mathfrak{r} = \lambda \begin{pmatrix}1\\0\\0\end{pmatrix} + \mu \begin{pmatrix}0\\0\\1\end{pmatrix}$ $\qquad$ BCGF: $\mathfrak{r} = \begin{pmatrix}0\\1\\0\end{pmatrix} + \lambda \begin{pmatrix}1\\0\\0\end{pmatrix} + \mu \begin{pmatrix}0\\0\\1\end{pmatrix}$

b) DCEF: $\mathfrak{r} = \lambda \begin{pmatrix}0\\1\\0\end{pmatrix} + \mu \begin{pmatrix}1\\0\\1\end{pmatrix}$ $\qquad$ ABGH: $\mathfrak{r} = \begin{pmatrix}1\\0\\0\end{pmatrix} + \lambda \begin{pmatrix}0\\1\\0\end{pmatrix} + \mu \begin{pmatrix}-1\\0\\1\end{pmatrix}$

ADFG: $\mathfrak{r} = \lambda \begin{pmatrix}1\\0\\0\end{pmatrix} + \mu \begin{pmatrix}0\\1\\1\end{pmatrix}$ $\qquad$ BCEH: $\mathfrak{r} = \begin{pmatrix}0\\1\\0\end{pmatrix} + \lambda \begin{pmatrix}1\\0\\0\end{pmatrix} + \mu \begin{pmatrix}0\\-1\\1\end{pmatrix}$

c) wie b), außerdem noch

$$\mathfrak{r} = \begin{pmatrix} \frac{1}{2} \\ 0 \\ 0 \end{pmatrix} + \lambda \begin{pmatrix} 0 \\ 1 \\ 0 \end{pmatrix} + \mu \begin{pmatrix} 0 \\ 0 \\ 1 \end{pmatrix}, \qquad \mathfrak{r} = \begin{pmatrix} 0 \\ \frac{1}{2} \\ 0 \end{pmatrix} + \lambda \begin{pmatrix} 1 \\ 0 \\ 0 \end{pmatrix} + \mu \begin{pmatrix} 0 \\ 0 \\ 1 \end{pmatrix},$$

$$\mathfrak{r} = \begin{pmatrix} 0 \\ 0 \\ \frac{1}{2} \end{pmatrix} + \lambda \begin{pmatrix} 1 \\ 0 \\ 0 \end{pmatrix} + \mu \begin{pmatrix} 0 \\ 1 \\ 0 \end{pmatrix}$$

13. DBE: $\mathfrak{r} = \lambda \begin{pmatrix} 1 \\ 1 \\ 0 \end{pmatrix} + \mu \begin{pmatrix} 1 \\ 0 \\ 1 \end{pmatrix}$, DBG: $\mathfrak{r} = \lambda \begin{pmatrix} 1 \\ 1 \\ 0 \end{pmatrix} + \mu \begin{pmatrix} 0 \\ 1 \\ 1 \end{pmatrix}$,

DEG: $\mathfrak{r} = \lambda \begin{pmatrix} 1 \\ 0 \\ 1 \end{pmatrix} + \mu \begin{pmatrix} 0 \\ 1 \\ 1 \end{pmatrix}$, EGB: $\mathfrak{r} = \begin{pmatrix} 1 \\ 1 \\ 0 \end{pmatrix} + \lambda \begin{pmatrix} 0 \\ -1 \\ 1 \end{pmatrix} + \mu \begin{pmatrix} -1 \\ 0 \\ 1 \end{pmatrix}$

14. Man erhält dieselben Ebenengleichungen wie in Aufg. 12, für c) allerdings nur die drei bei 12. c gesondert aufgeführten.

15. a) Man erhält die Lösungen von Aufg. 7a Kap. 4.2.2.

b) OAB: $\mathfrak{r} = \lambda \begin{pmatrix} 1 \\ 0 \\ 0 \end{pmatrix} + \mu \begin{pmatrix} 0 \\ 1 \\ 0 \end{pmatrix}$, OAC: $\mathfrak{r} = \lambda \begin{pmatrix} 1 \\ 0 \\ 0 \end{pmatrix} + \mu \begin{pmatrix} 0 \\ 0 \\ 1 \end{pmatrix}$,

OBC: $\mathfrak{r} = \lambda \begin{pmatrix} 0 \\ 1 \\ 0 \end{pmatrix} + \mu \begin{pmatrix} 0 \\ 0 \\ 1 \end{pmatrix}$, ABC: $\mathfrak{r} = \begin{pmatrix} 1 \\ 0 \\ 0 \end{pmatrix} + \lambda \begin{pmatrix} -1 \\ 1 \\ 0 \end{pmatrix} + \mu \begin{pmatrix} -1 \\ 0 \\ 1 \end{pmatrix}$

16. a) Man erhält die Lösungen von Aufg. 7b Kap. 4.2.2 mit $a = 2$.

b) ABC: $\mathfrak{r} = \lambda \begin{pmatrix} 1 \\ 0 \\ 0 \end{pmatrix} + \mu \begin{pmatrix} 0 \\ 1 \\ 0 \end{pmatrix}$,

DAB: $\mathfrak{r} = \begin{pmatrix} 0 \\ 0 \\ 2\sqrt{\frac{2}{3}} \end{pmatrix} + \lambda \begin{pmatrix} \frac{2}{\sqrt{3}} \\ 0 \\ -2\sqrt{\frac{2}{3}} \end{pmatrix} + \mu \begin{pmatrix} -\frac{1}{\sqrt{3}} \\ 1 \\ -2\sqrt{\frac{2}{3}} \end{pmatrix}$

DBC: $\mathfrak{r} = \begin{pmatrix} 0 \\ 0 \\ 2\sqrt{\frac{2}{3}} \end{pmatrix} + \lambda \begin{pmatrix} -\frac{1}{\sqrt{3}} \\ 1 \\ -2\sqrt{\frac{2}{3}} \end{pmatrix} + \mu \begin{pmatrix} -\frac{1}{\sqrt{3}} \\ -1 \\ -2\sqrt{\frac{2}{3}} \end{pmatrix}$

$$\text{DCA:}\quad \mathfrak{r} = \begin{pmatrix} 0 \\ 0 \\ 2\sqrt{\frac{2}{3}} \end{pmatrix} + \lambda \begin{pmatrix} -\frac{1}{\sqrt{3}} \\ -1 \\ -2\sqrt{\frac{2}{3}} \end{pmatrix} + \mu \begin{pmatrix} \frac{2}{\sqrt{3}} \\ 0 \\ -2\sqrt{\frac{2}{3}} \end{pmatrix}$$

17. a) Die Ebene $\mathfrak{r} = \mathfrak{r}_1 + \lambda(\mathfrak{r}_2 - \mathfrak{r}_1) + \mu(\mathfrak{r}_3 - \mathfrak{r}_1)$, **b)** die Gerade $\mathfrak{r} = \mathfrak{r}_2 + \lambda(\mathfrak{r}_1 - \mathfrak{r}_2)$

4.3.3 Die Spurgeraden der Ebene

Seite 72

1. a) $x = 0 \Rightarrow \mu = 3 - 2\lambda;\qquad \mathfrak{r} = \begin{pmatrix} 0 \\ 8 \\ -2 \end{pmatrix} + \lambda \begin{pmatrix} 0 \\ -5 \\ 5 \end{pmatrix}$

$y = 0 \Rightarrow \lambda = 2 + 2\mu;\qquad \mathfrak{r} = \begin{pmatrix} 1 \\ 0 \\ 6 \end{pmatrix} + \mu \begin{pmatrix} 5 \\ 0 \\ 0 \end{pmatrix}$

$z = 0 \Rightarrow \lambda = 2\mu - 4;\qquad \mathfrak{r} = \begin{pmatrix} -11 \\ 6 \\ 0 \end{pmatrix} + \mu \begin{pmatrix} 5 \\ 0 \\ 0 \end{pmatrix}$

b) $x = 0 \Rightarrow \lambda = -2;\qquad \mathfrak{r} = \begin{pmatrix} 0 \\ 1 \\ 5 \end{pmatrix} + \mu \begin{pmatrix} 0 \\ -1 \\ 1 \end{pmatrix}$

$y = 0 \Rightarrow \mu = 1;\qquad \mathfrak{r} = \begin{pmatrix} 2 \\ 0 \\ 4 \end{pmatrix} + \lambda \begin{pmatrix} 1 \\ 0 \\ -1 \end{pmatrix}$

$z = 0 \Rightarrow \lambda = 3 + \mu;\qquad \mathfrak{r} = \begin{pmatrix} 5 \\ 1 \\ 0 \end{pmatrix} + \mu \begin{pmatrix} 1 \\ -1 \\ 0 \end{pmatrix}$

c) keine Spurgerade auf der yz-Ebene,

$y = 0 \Rightarrow \lambda = 2 - 2\mu;\qquad \mathfrak{r} = \begin{pmatrix} 4 \\ 0 \\ -1 \end{pmatrix} + \mu \begin{pmatrix} 0 \\ 0 \\ 5 \end{pmatrix}$

$z = 0 \Rightarrow \mu = 2\lambda - 3;\qquad \mathfrak{r} = \begin{pmatrix} 4 \\ -8 \\ 0 \end{pmatrix} + \lambda \begin{pmatrix} 0 \\ 5 \\ 0 \end{pmatrix}$

2. $z = 0 \Rightarrow z_1 + \lambda u_z + \mu v_z = 0 \Rightarrow \mu = -\dfrac{z_1 + \lambda u_z}{v_z}$ für $v_z \neq 0$

$\mathfrak{r} = (\mathfrak{r}_1 - \dfrac{z_1}{v_z}\mathfrak{v}) + \lambda(\mathfrak{u} - \dfrac{u_z}{v_z}\mathfrak{v})\qquad$ für $v_z \neq 0$

Seite 73

3. Der Schnittpunkt der Spuren muß auf der y-Achse liegen: S(0/1/0).

4. E: $\mathfrak{r} = \begin{pmatrix} 2 \\ 1 \\ 3 \end{pmatrix} + \lambda \begin{pmatrix} 4 \\ 2 \\ -1 \end{pmatrix} + \mu \begin{pmatrix} 2 \\ -1 \\ 3 \end{pmatrix}$

$x = 0 \Rightarrow \mu = -1 - 2\lambda; \qquad \mathfrak{r} = \begin{pmatrix} 0 \\ 2 \\ 0 \end{pmatrix} + \lambda \begin{pmatrix} 0 \\ 4 \\ -7 \end{pmatrix}$

$y = 0 \Rightarrow \mu = 1 + 2\lambda; \qquad \mathfrak{r} = \begin{pmatrix} 4 \\ 0 \\ 6 \end{pmatrix} + \lambda \begin{pmatrix} 8 \\ 0 \\ 5 \end{pmatrix}$

$z = 0 \Rightarrow \lambda = 3 + 3\mu; \qquad \mathfrak{r} = \begin{pmatrix} 14 \\ 7 \\ 0 \end{pmatrix} + \mu \begin{pmatrix} 14 \\ 5 \\ 0 \end{pmatrix}$

5. a) S(2/3/1)

b) E: $\mathfrak{r} = \begin{pmatrix} 2 \\ 3 \\ 1 \end{pmatrix} + \lambda \begin{pmatrix} 2 \\ -1 \\ 0 \end{pmatrix} + \mu \begin{pmatrix} -4 \\ 2 \\ 1 \end{pmatrix}$

$x = 0 \Rightarrow \lambda = 2\mu - 1, \qquad \mathfrak{r} = \begin{pmatrix} 0 \\ 4 \\ 1 \end{pmatrix} + \mu \begin{pmatrix} 0 \\ 0 \\ 1 \end{pmatrix}$

$y = 0 \Rightarrow \lambda = 2\mu + 3, \qquad \mathfrak{r} = \begin{pmatrix} 8 \\ 0 \\ 1 \end{pmatrix} + \mu \begin{pmatrix} 0 \\ 0 \\ 1 \end{pmatrix}$

$z = 0 \Rightarrow \mu = -1, \qquad \mathfrak{r} = \begin{pmatrix} 6 \\ 1 \\ 0 \end{pmatrix} + \lambda \begin{pmatrix} 2 \\ -1 \\ 0 \end{pmatrix}$

6. a) E: $\mathfrak{r} = \begin{pmatrix} 0 \\ 2 \\ 0 \end{pmatrix} + \lambda \begin{pmatrix} 0 \\ 1 \\ 5 \end{pmatrix} + \mu \begin{pmatrix} 2 \\ 2 \\ 0 \end{pmatrix}$, **$P_0$ liegt nicht in E (wohl aber Q(3/3/−10).**

b) Schnittpunkt von h_0 mit x-Achse: A(−2/0/0), Schnittpunkt von $\mathfrak{v}_0$ mit z-Achse: C(0/0/−10), Spurgerade in der xz-Ebene: $\mathfrak{r} = \begin{pmatrix} -2 \\ 0 \\ 0 \end{pmatrix} + \lambda \begin{pmatrix} 2 \\ 0 \\ -10 \end{pmatrix}$.

7. Der gesuchte Punkt ist der Punkt der Ebene auf der y-Achse: B$\left(0 / 3\frac{1}{3} / 0\right)$.

8. a) E: $\mathfrak{r} = \begin{pmatrix} 0 \\ 1 \\ 0 \end{pmatrix} + \lambda \begin{pmatrix} 1 \\ 2 \\ 0 \end{pmatrix} + \mu \begin{pmatrix} 0 \\ 1 \\ 1 \end{pmatrix}; \quad z = 5 \Rightarrow \mu = 5, \quad \mathfrak{r} = \begin{pmatrix} 0 \\ 6 \\ 5 \end{pmatrix} + \lambda \begin{pmatrix} 1 \\ 2 \\ 0 \end{pmatrix}$

b) $x = 5 \Rightarrow \lambda = 5, \quad \mathfrak{r} = \begin{pmatrix} 5 \\ 11 \\ 0 \end{pmatrix} + \mu \begin{pmatrix} 0 \\ 1 \\ 1 \end{pmatrix}$ **c)** (5/16/5)

d) $x = a \Rightarrow \lambda = a, \quad z = a \Rightarrow \mu = a, \quad \mathfrak{r} = \begin{pmatrix} 0 \\ 1 \\ 0 \end{pmatrix} + a \begin{pmatrix} 1 \\ 2 \\ 0 \end{pmatrix} + a \begin{pmatrix} 0 \\ 1 \\ 1 \end{pmatrix},$

$\mathfrak{r} = \begin{pmatrix} 0 \\ 1 \\ 0 \end{pmatrix} + a \begin{pmatrix} 1 \\ 3 \\ 1 \end{pmatrix}$

9. E: $\mathfrak{r} = \mathfrak{r}_1 + \lambda \mathfrak{u} + \mu \mathfrak{v}$

Gleichung der Höhenlinie: $z = z_0 \Rightarrow \lambda = \frac{z_0 - z_1 - \mu v_z}{u_z}$ für $u_z \neq 0$

h: $\mathfrak{r} = \left(\mathfrak{r}_1 + \frac{z_0 - z_1}{u_z} \mathfrak{u}\right) + \mu \left(\mathfrak{v} - \frac{v_z}{u_z}\right)$

Gleichung der Spurgeraden h_0 ergibt sich daraus für $z_0 = 0$. h und h_0 haben den gleichen Richtungsvektor.

Seite 74

10. Die Spurgeraden h_0: $\mathfrak{r} = \begin{pmatrix} 3 \\ -1 \\ 0 \end{pmatrix} + \lambda \begin{pmatrix} 0 \\ -3 \\ 0 \end{pmatrix}$ und v_0: $\mathfrak{r} = \begin{pmatrix} 0 \\ 2 \\ 4{,}5 \end{pmatrix} + \lambda \begin{pmatrix} 0 \\ -3 \\ 0 \end{pmatrix}$

sind parallel.

4.3.4. Parallele und gleiche Ebenen

Seite 75

1. a) Die Ebenen sind gleich ($\mathfrak{u}_2 = \mathfrak{u}_1 + \mathfrak{v}_1, \mathfrak{v}_2 = \frac{1}{3}(\mathfrak{v}_1 - \mathfrak{u}_1), \mathfrak{r}_2 - \mathfrak{r}_1 = \frac{1}{3}(2\mathfrak{u}_1 + \mathfrak{v}_1)$).

b) Die Ebenen sind parallel, aber nicht gleich ($\overrightarrow{Q_1Q_2} = \overrightarrow{P_1P_2} - \overrightarrow{P_1P_3}$, $\overrightarrow{Q_1Q_3} = 2\overrightarrow{P_1P_2} - \overrightarrow{P_1P_3}$).

Seite 76

c) weder parallel, noch gleich **d)** die Ebenen sind gleich

2. $Q_2(7/9/5)$, $Q_3(9/11/6)$

4.3.5. Ebene und Gerade

Seite 77

1. $S\left(2\frac{1}{4}\Big/5\frac{1}{2}\Big/1\frac{3}{4}\right)$ **2.** $S\left(3\frac{1}{2}\Big/-2\Big/4\right)$ **3.** $S\left(\frac{9}{10}\Big/\frac{9}{10}\Big/1\right)$

Seite 78

4. E und g haben keine gemeinsamen Punkte, $g \parallel E$.

5. Da g in der xy-Ebene liegt, alle Punkte der Dreiecksfläche aber oberhalb der xy-Ebene liegen, trifft die Gerade die Dreiecksfläche nicht. Der Schnittpunkt mit der Dreiecksebene ist S(9/5/0).

6. S(7,5/11/5,5) **7.** g trifft E nicht, $g \parallel E$. **8.** S(3/9/2)

9. a) Die aus $\mathfrak{u}_1, \mathfrak{v}_1, \mathfrak{u}_2$ und die aus $\mathfrak{u}_1, \mathfrak{v}_1, \mathfrak{v}_2$ gebildeten Determinanten haben den Wert 0.

b) $S_1(3/1/0)$, $S_2(-1/2/-2)$, $\overrightarrow{S_1S_2} = \begin{pmatrix} -4 \\ 1 \\ -2 \end{pmatrix}$ ist genau so lang wie der Richtungsvektor von g.

10. g: $\mathfrak{r} = \begin{pmatrix} 4 \\ 1 \\ 2 \end{pmatrix} + \nu \begin{pmatrix} 6 \\ 12 \\ 9 \end{pmatrix}$; E: $\mathfrak{r} = \begin{pmatrix} 4 \\ 8 \\ 1 \end{pmatrix} + \lambda \begin{pmatrix} 2 \\ -7 \\ 5 \end{pmatrix} + \mu \begin{pmatrix} 4 \\ -2 \\ 7 \end{pmatrix}$; bei Bestimmung des Schnittpunkts erhält man $\nu_s = \frac{1}{3}$, d. h. die Ebene teilt die Raumdiagonale im Verhältnis 1:2. (Am einfachsten ist die allgemeine Lösung!)

11. Einführung eines affinen Koordinatensystems.

g: $\mathfrak{r} = \nu \begin{pmatrix} 1 \\ 1 \\ 1 \end{pmatrix}$, E: $\mathfrak{r} = \begin{pmatrix} 1 \\ 0 \\ 0 \end{pmatrix} + \lambda \begin{pmatrix} -1 \\ 1 \\ 0 \end{pmatrix} + \mu \begin{pmatrix} -1 \\ 0 \\ 1 \end{pmatrix}$;

$\nu_s = \lambda_s = \mu_s = \frac{1}{3}$, d. h. die Ebene teilt die Raumdiagonale im Verhältnis 1:2.

Seite 79

12. E: $\mathfrak{r} = \begin{pmatrix} -1 \\ 1 \\ 5 \end{pmatrix} + \lambda \begin{pmatrix} 0 \\ 6 \\ 0 \end{pmatrix} + \mu \begin{pmatrix} 0 \\ -3 \\ 3 \end{pmatrix}$, g: $\mathfrak{r} = \begin{pmatrix} 1 \\ 1 \\ 1 \end{pmatrix} + \nu \begin{pmatrix} -12 \\ 6 \\ 30 \end{pmatrix}$

Für den Schnittpunkt ergibt sich $\nu = \frac{1}{6}$, d. h. die Ebene schneidet $\frac{1}{6}$ der Strecke PQ ab, teilt diese also im Verhältnis 1:5.

13. Die P_0, A, B, C gegenüberliegenden Ecken werden mit P_1, A_1, B_1, C_1 bezeichnet. Eine Zeichnung im Zweitafelverfahren zeigt, daß g die Ebenen E_1 durch P_0, A, C und E_2 durch A_1, B_1, C trifft.

E_1: $\mathfrak{r} = \begin{pmatrix} 2 \\ 1 \\ 1 \end{pmatrix} + \lambda \begin{pmatrix} -1 \\ 6 \\ 0 \end{pmatrix} + \mu \begin{pmatrix} 1 \\ 2 \\ 6 \end{pmatrix}$; g: $\mathfrak{r} = \begin{pmatrix} 15 \\ 9 \\ 18 \end{pmatrix} + \nu \begin{pmatrix} 27 \\ 6 \\ 31 \end{pmatrix}$;

$\nu_1 = -\frac{1}{2}$, $S_1\left(1\frac{1}{2}/6/2\frac{1}{2}\right)$

$$E_2\colon \mathfrak{r} = \begin{pmatrix}3\\3\\7\end{pmatrix} + \lambda \begin{pmatrix}-1\\6\\0\end{pmatrix} + \mu \begin{pmatrix}5\\3\\1\end{pmatrix}; \qquad \nu_2 = -\frac{1}{3}, \quad S_2\left(6\Big/7\Big/7\frac{2}{3}\right)$$

Das Stück der Geraden zwischen S_1 und S_2 liegt innerhalb des Spats. Die Länge dieses Stücks ist $\frac{1}{6}$ der des Richtungsvektors von g.

14. g schneidet die Ebene E_1 durch ABD in $S_1(5/5/4)$ und die Ebene E_2 durch BCD in $S_2(4/7/4{,}5)$. Die Strecke S_1S_2 liegt innerhalb des Vierflachs.

15. Einführung eines affinen Koordinatensystem mit D als Ursprung und $\overrightarrow{DA} = \mathfrak{a}$, $\overrightarrow{DB} = \mathfrak{b}$ und $\overrightarrow{DC} = \mathfrak{c}$ als Basisvektoren.

Diagonalenmittelpunkte: $\frac{\mathfrak{b}}{2}$, $\frac{\mathfrak{a}+\mathfrak{c}}{2}$

$$g\colon \mathfrak{r} = \frac{\mathfrak{b}}{2} + \nu\,\frac{\mathfrak{a}-\mathfrak{b}+\mathfrak{c}}{2} \Rightarrow 2\mathfrak{r} = \begin{pmatrix}0\\1\\0\end{pmatrix} + \nu \begin{pmatrix}1\\-1\\1\end{pmatrix}$$

Mittelpunkte der vier Kanten: $\frac{\mathfrak{a}}{2}$, $\frac{\mathfrak{a}+\mathfrak{b}}{2}$, $\frac{\mathfrak{b}+\mathfrak{c}}{2}$, $\frac{\mathfrak{c}}{2}$

$$E\colon \mathfrak{r} = \frac{\mathfrak{a}}{2} + \lambda\frac{\mathfrak{b}}{2} + \mu\frac{\mathfrak{c}-\mathfrak{a}}{2} \Rightarrow 2\mathfrak{r} = \begin{pmatrix}1\\0\\0\end{pmatrix} + \lambda \begin{pmatrix}0\\1\\0\end{pmatrix} + \mu \begin{pmatrix}-1\\0\\1\end{pmatrix}$$

In dieser Ebene liegt auch der durch $\frac{\mathfrak{b}+\mathfrak{c}}{2}$ bestimmte Mittelpunkt. Schnittpunkt von g und E: $S\left(\frac{1}{4}\Big/\frac{1}{4}\Big/\frac{1}{4}\right)$

16. Die Raumdiagonale trifft alle drei Ebenen im gleichen Punkt, so daß $\frac{1}{3}$ $\left(\frac{1}{n}\right)$ der Diagonale abgeschnitten wird (Strahlensatz!).

17. Vierflach OABC, affines Koordinatensystem $\overrightarrow{OA} = \mathfrak{a}$, $\overrightarrow{OB} = \mathfrak{b}$, $\overrightarrow{OC} = \mathfrak{c}$.

Gerade durch 0 und Schwerpunkt von ABC: $\mathfrak{r} = \frac{\nu}{3}\begin{pmatrix}1\\1\\1\end{pmatrix}$

Schwerpunkte der übrigen Seitenflächen: $S_1\left(0\Big/\frac{1}{3}\Big/\frac{1}{3}\right)$, $S_2\left(\frac{1}{3}\Big/0\Big/\frac{1}{3}\right)$, $S_3\left(\frac{1}{3}\Big/\frac{1}{3}\Big/0\right)$

Ebene durch S_1, S_2, S_3: $\mathfrak{r} = \frac{1}{3}\begin{pmatrix}0\\1\\1\end{pmatrix} + \frac{\lambda}{3}\begin{pmatrix}1\\-1\\0\end{pmatrix} + \frac{\mu}{3}\begin{pmatrix}1\\0\\-1\end{pmatrix}$

Schnittpunkt $S\left(\frac{2}{9}\Big/\frac{2}{9}\Big/\frac{2}{9}\right)$. Die Verbindungslinie wird von der Ebene im Verhältnis 2:7 geteilt.

4.3.6. Die Schnittgerade zweier Ebenen

Seite 81

1. a) $\mathfrak{r} = \begin{pmatrix} 3 \\ 0 \\ 1 \end{pmatrix} + \lambda \begin{pmatrix} 0 \\ 1 \\ 1 \end{pmatrix} \quad (\lambda = 1)$ **b)** $\mathfrak{r} = \begin{pmatrix} -2 \\ 0 \\ 6 \end{pmatrix} + \lambda \begin{pmatrix} \frac{14}{3} \\ 1 \\ -10 \end{pmatrix} \quad \left(\mu = 2 - \frac{10}{3}\lambda\right)$

c) keine Schnittgerade, die Ebenen sind parallel.

2. $E_1\colon \mathfrak{r} = \begin{pmatrix} 1 \\ 0 \\ 0 \end{pmatrix} + \lambda \begin{pmatrix} -1 \\ 1 \\ 0 \end{pmatrix} + \mu \begin{pmatrix} -1 \\ 0 \\ 1 \end{pmatrix}$; $E_2\colon \mathfrak{r} = \begin{pmatrix} 1 \\ 0 \\ 2 \end{pmatrix} + \varrho \begin{pmatrix} -1 \\ 1 \\ 0 \end{pmatrix} + \sigma \begin{pmatrix} 0 \\ -1 \\ -1 \end{pmatrix}$

Da $\begin{pmatrix} -1 \\ 1 \\ 0 \end{pmatrix}$ Richtungsvektor von beiden Ebenen ist, muß die Schnittgerade diesen Vektor als Richtungsvektor haben, denn E_1 und E_2 sind nicht parallel. Bestimmung eines gemeinsamen Punktes (etwa in der xz-Ebene): $P_0(0/0/1)$.

Damit g: $\mathfrak{r} = \begin{pmatrix} 0 \\ 0 \\ 1 \end{pmatrix} + \lambda \begin{pmatrix} -1 \\ 1 \\ 0 \end{pmatrix}$

3. $E_1\colon \mathfrak{r} = \begin{pmatrix} 0 \\ 1 \\ 0 \end{pmatrix} + \lambda \begin{pmatrix} 2 \\ 1 \\ 0 \end{pmatrix} + \mu \begin{pmatrix} 0 \\ 1 \\ 1 \end{pmatrix}$; $E_2\colon \mathfrak{r} = \begin{pmatrix} 5 \\ 0 \\ 0 \end{pmatrix} + \varrho \begin{pmatrix} -1 \\ 2 \\ 0 \end{pmatrix} + \sigma \begin{pmatrix} 0 \\ 0 \\ 1 \end{pmatrix}$

g: $\mathfrak{r} = \begin{pmatrix} 0 \\ 10 \\ 9 \end{pmatrix} + \lambda \begin{pmatrix} 2 \\ -4 \\ -5 \end{pmatrix}$ $(\mu = 9 - 5\lambda)$. Auf g liegt $Q(\lambda_Q = 1)$.

4. $\mathfrak{r} = \begin{pmatrix} 2\frac{1}{3} \\ 4\frac{2}{3} \\ 3 \end{pmatrix} + \lambda \begin{pmatrix} -1 \\ 1 \\ 3 \end{pmatrix}$

Seite 82

5. Ebene in C parallel zu ABD: $E_1\colon \mathfrak{r} = \begin{pmatrix} 1 \\ 5 \\ 0 \end{pmatrix} + \lambda \begin{pmatrix} 4 \\ 0 \\ 0 \end{pmatrix} + \mu \begin{pmatrix} 2 \\ 4 \\ 6 \end{pmatrix}$

Ebene in D parallel zu ABC: $E_2\colon \mathfrak{r} = \begin{pmatrix} 2 \\ 4 \\ 6 \end{pmatrix} + \varrho \begin{pmatrix} 4 \\ 0 \\ 0 \end{pmatrix} + \sigma \begin{pmatrix} 1 \\ 5 \\ 0 \end{pmatrix}$

Die Schnittgerade muß die Richtung $\overrightarrow{AB} = \begin{pmatrix} 4 \\ 0 \\ 0 \end{pmatrix}$ haben. Ferner gilt $\mu = 1$.

Damit g: $\mathfrak{r} = \begin{pmatrix} 3 \\ 9 \\ 6 \end{pmatrix} + \lambda \begin{pmatrix} 4 \\ 0 \\ 0 \end{pmatrix}$.

6. $\mathfrak{r} = \begin{pmatrix} 5 \\ -3 \\ 4 \end{pmatrix} + \lambda \begin{pmatrix} 3 \\ 9 \\ -1 \end{pmatrix}$ (verschiedene Lösungsmöglichkeiten).

4.3.7. Koordinatengleichungen der Ebene

Seite 83

1. α) **a)** nein **b)** ja **c)** nein
β) **a)** ja **b)** nein **c)** nein

2. Zeichnung entsprechend Bild 83.1.

3. Mehrere Punkte auf E bestimmen, Dreipunktegleichung anwenden.

Seite 84

4. **a)** parallel zur x-Achse, **b)** ... y-Achse, **c)** ... z-Achse
d) geht durch 0, **e)** parallel zur xy-Ebene, **f)** ... xz-Ebene
g) enthält die x-Achse, **h)** keine Ebene,
i) $Cz = 0$ ist die Gleichung der xy-Ebene.

5. Man eliminiert aus $\mathfrak{r} = \mathfrak{r}_1 + \lambda \mathfrak{u} + \mu \mathfrak{v}$ die Parameter. Dann erhält man

$\begin{vmatrix} x - x_1 & u_x & v_x \\ y - y_1 & u_y & v_y \\ z - z_1 & u_z & v_z \end{vmatrix} = 0$. Vergleich mit $Ax + By + Cz + D = 0$ liefert:

$$A = \begin{vmatrix} u_y & v_y \\ u_z & v_z \end{vmatrix}, \quad B = -\begin{vmatrix} u_x & v_x \\ u_z & v_z \end{vmatrix}, \quad C = \begin{vmatrix} u_x & v_x \\ u_y & v_y \end{vmatrix}, \quad D = -\begin{vmatrix} x_1 & u_x & v_x \\ y_1 & u_y & v_y \\ z_1 & u_z & v_z \end{vmatrix}.$$

6. $\frac{x}{3} + \frac{y}{12} + \frac{z}{36} = 1$ **7.** $x + y + z = a$

8. E steht auf der xy-Ebene senkrecht und hat g zur Projektion und als Spurgerade.

9. **a)** $x + 8y - 4z + 10 = 0$ **b)** nein
c) xy-Spur: $x + 8y + 10 = 0$
xz-Spur: $x - 4z + 10 = 0$
yz-Spur: $8y - 4z + 10 = 0 \Rightarrow 4y - 2z + 5 = 0$

10. $\pm x \pm y \pm z = \frac{a}{\sqrt{2}}$ (8 Möglichkeiten)

11. **a)** $S(1/0/2)$ **b)** die Ebenen sind gleich.

c) alle Punkte der Geraden $\mathfrak{r} = \lambda \begin{pmatrix} 1 \\ 1 \\ 1 \end{pmatrix}$ (Ebenenbüschel).

4.3.8. Vermischte Aufgaben

1. $S\left(\frac{a}{3}\middle/\frac{b}{3}\middle/\frac{c}{3}\right)$ (vgl. Lösung zu Aufg. 11 Kap. 4.3.5).

Seite 85

2. Der Schnittpunkt $S(5/10/7)$ liegt außerhalb der Parallelogrammfläche.

3. **a)** $5x + 2y + 3z - 30 = 0$ **b)** nein **c)** $S\left(1\middle/1\middle/7\frac{2}{3}\right)$

d) Schnittgerade muß die Gerade durch P_2 und P_3 sein: $\mathfrak{r} = \begin{pmatrix} 0 \\ 6 \\ 6 \end{pmatrix} + \lambda \begin{pmatrix} 0 \\ -6 \\ 4 \end{pmatrix}$

4. **a)** und **b)** Ebene E_1 durch A, B und C: $\mathfrak{r} = \begin{pmatrix} 10 \\ 2 \\ 5 \end{pmatrix} + \lambda \begin{pmatrix} -4 \\ 6 \\ -2 \end{pmatrix} + \mu \begin{pmatrix} -12 \\ 10 \\ 2 \end{pmatrix}$

In dieser Ebene liegt auch D ($\lambda_D = -1$, $\mu_D = 1$). Damit ist die angegebene Gleichung die der Vierecksebene.

c) $S_{yz}\left(0\middle/10\frac{1}{3}\middle/6\frac{2}{3}\right)$ **d)** $\mathfrak{r} = \begin{pmatrix} 0 \\ 2 \\ 5 \end{pmatrix} + \lambda \begin{pmatrix} 0 \\ 10 \\ 2 \end{pmatrix} \Rightarrow y - 5z + 23 = 0$

e) $\overrightarrow{AB} = \overrightarrow{DC}$. Damit sind AB und DC parallel und gleich lang.

f) $z = 0 \Rightarrow \mu = \lambda - \frac{5}{2}$; g: $\mathfrak{r} = \begin{pmatrix} 40 \\ -23 \\ 0 \end{pmatrix} + \lambda \begin{pmatrix} -16 \\ 16 \\ 0 \end{pmatrix} \Rightarrow \frac{x}{17} + \frac{y}{17} = 1$

g) Da die Schnittgerade die Form $\mathfrak{r} = \begin{pmatrix} a \\ 2 \\ 8 \end{pmatrix} + \lambda \begin{pmatrix} b \\ -3 \\ 8 \end{pmatrix}$ haben muß, kann man den zugehörigen Punkt und die zugehörige Richtung aus der Gleichung für E_1 bestimmen. Man erhält $\mathfrak{r} = \begin{pmatrix} 7 \\ 2 \\ 8 \end{pmatrix} + \lambda \begin{pmatrix} -5 \\ -3 \\ 8 \end{pmatrix}$

5. Durch eine Zeichnung im Zweitafelverfahren stellt man fest, daß die Gerade die Ebenen E_1 durch ABC und E_2 durch BCD trifft. Die Strecke zwischen $S_1(5/6/1)$ und $S_2(6/7{,}5/3)$ liegt innerhalb des Vierflachs.

5. Das Skalarprodukt

5.1. Einführung und Herleitung

Seite 89

1. $\mathfrak{a}\mathfrak{b} = ab\cos(\mathfrak{a};\mathfrak{b}) = ba\cos(\mathfrak{b};\mathfrak{a}) = \mathfrak{b}\mathfrak{a}$

$n(\mathfrak{a}\mathfrak{b}) = n[ab\cos(\mathfrak{a};\mathfrak{b})] = na[b\cos(n\mathfrak{a};\mathfrak{b})] = (n\mathfrak{a})\mathfrak{b}$

$= a[nb\cos(\mathfrak{a};n\mathfrak{b})] = \mathfrak{a}\cdot(n\mathfrak{b})$

2. $\mathfrak{a}^0 \cdot \mathfrak{b}^0 = \cos(\mathfrak{a}^0;\mathfrak{b}^0)$

3. $(\mathfrak{a}\cdot\mathfrak{b})\cdot\mathfrak{c} = [ab\cos(\mathfrak{a};\mathfrak{b})]\cdot\mathfrak{c}$ $\qquad$ $\mathfrak{a}\cdot(\mathfrak{b}\cdot\mathfrak{c}) = [bc\cos(\mathfrak{b};\mathfrak{c})]\cdot\mathfrak{a}$

$(\mathfrak{a}\cdot\mathfrak{b})\cdot\mathfrak{c} = \mathfrak{a}\cdot(\mathfrak{b}\cdot\mathfrak{c}) \Leftrightarrow$ 1) $\mathfrak{a} = \mathfrak{o}$ oder $\mathfrak{b} = \mathfrak{o}$ oder $\mathfrak{c} = \mathfrak{o}$

oder 2) $\mathfrak{a}\mathfrak{b} = \mathfrak{b}\mathfrak{c} = 0 \Leftrightarrow \mathfrak{a} \perp \mathfrak{b}$ und $\mathfrak{c} \perp \mathfrak{b}$

oder 3) $\mathfrak{a} \neq \mathfrak{o}$ und $\mathfrak{a} = \lambda\mathfrak{c}$

4. $\mathfrak{a}\mathfrak{b} = ab\cos(\mathfrak{a};\mathfrak{b}) \leqq ab$, da $|\cos(\mathfrak{a};\mathfrak{b})| \leqq 1$

5. Es sei $\mathfrak{a} \neq \mathfrak{o}$, $\mathfrak{b} \neq \mathfrak{o}$, $\mathfrak{c} \neq \mathfrak{o}$ und $\mathfrak{b} + \mathfrak{c} = \mathfrak{o} \Rightarrow \mathfrak{a}(\mathfrak{b}+\mathfrak{c}) = 0$; aber $\mathfrak{a}(\mathfrak{b}+\mathfrak{c}) = \mathfrak{a}\mathfrak{b} + \mathfrak{a}\mathfrak{c} \neq 0$, da $a \neq 0$, $b \neq 0$ und $c \neq 0$ sind und $\mathfrak{a}\mathfrak{b} + \mathfrak{a}\mathfrak{c} = ab + ac$ sein soll.

Seite 90

6. $\triangle$ ABC ist gleichseitig $\Rightarrow |\mathfrak{a}^0 + \mathfrak{b}^0| = 1 \Rightarrow$

$\mathfrak{a}^0(\mathfrak{a}^0 + \mathfrak{b}^0) = \frac{1}{3}$ (Tabelle!); andererseits

$\mathfrak{a}^0(\mathfrak{a}^0 + \mathfrak{b}^0) = \mathfrak{a}^0\mathfrak{a}^0 + \mathfrak{a}^0\mathfrak{b}^0 = 1 - \frac{1}{3} = \frac{2}{3}$

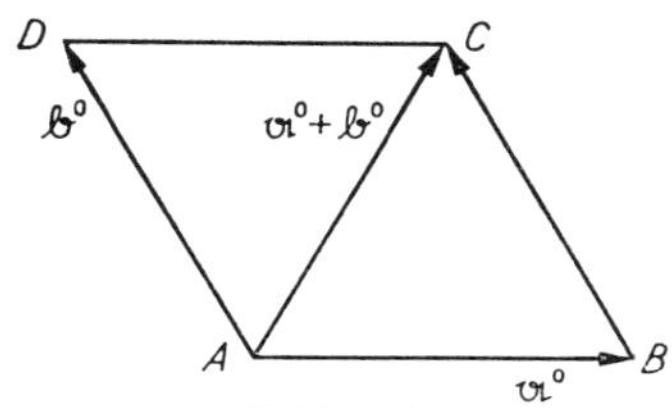

Bild 40.1

5.2. Besonderheiten des Skalarproduktes

Seite 91

1. a) falsch (assoziat. Gesetz) **b)** falsch (Division durch Vektor)
c) richtig ($\mathfrak{a}\cdot\mathfrak{b}$ ist Skalar) **d)** falsch (assoziat. Gesetz)

2. Punkt vor Klammer: S-Multiplik.; Punkt in Klammer: skalare Multiplikation

5.3. Elementargeometrische Anwendungen

Seite 92

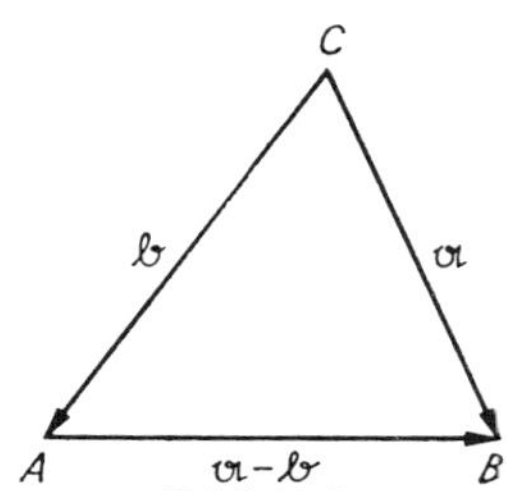

Bild 40.2

1. $\mathfrak{c} = \mathfrak{a} - \mathfrak{b} \Rightarrow \mathfrak{c}^2 = c^2 = a^2 + b^2 - 2\mathfrak{a}\mathfrak{b}$

$= a^2 + b^2 - 2ab\cos\gamma$

Seite 93

3. Gültig für alle Punkte des Kreises mit M = O und $\varrho = 3$.

4. $\mathfrak{s}_c = \mathfrak{b} + \frac{\mathfrak{a} - \mathfrak{b}}{2} = \frac{\mathfrak{a} + \mathfrak{b}}{2} \Rightarrow$

$\mathfrak{s}_c \cdot (\mathfrak{a} - \mathfrak{b}) = \frac{a^2 - b^2}{2} = 0$, da $a^2 = b^2$.

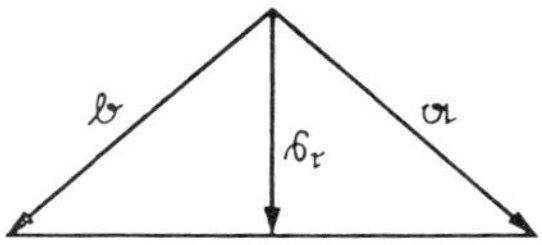

Bild 41.1

5. a) Vorauss.: $\frac{\mathfrak{a} + \mathfrak{b}}{2} + \frac{\mathfrak{a} - \mathfrak{d}}{2} - \mathfrak{a} = \mathfrak{o}$ (geschl. Figur) (Bild 41.2a)

Beh.: $\mathfrak{b} = \mathfrak{d}$

Bew.: Vorauss. ausrechnen : $\mathfrak{b} = \mathfrak{d}$

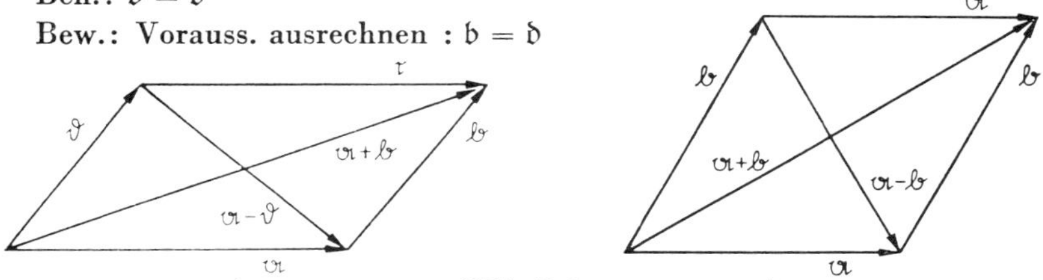

a) Bild 41.2 b)

b) Vorauss.: $(\mathfrak{a} + \mathfrak{b})(\mathfrak{a} - \mathfrak{b}) = 0$ (Bild 41.2b)

Beh.: $a = b$

Bew.: $(\mathfrak{a} + \mathfrak{b})(\mathfrak{a} - \mathfrak{b}) = 0 \Rightarrow$

$a^2 - b^2 = 0 \Rightarrow a = b$

6. Vorauss.: $|\mathfrak{a} + \mathfrak{b}| = |\mathfrak{a} - \mathfrak{b}|$

Beh.: $\mathfrak{a} \perp \mathfrak{b}$

Bew.: $(\mathfrak{a} + \mathfrak{b})^2 = (\mathfrak{a} - \mathfrak{b})^2$ (Vorauss.) $\Rightarrow 4\mathfrak{a}\mathfrak{b} = 0 \Rightarrow \mathfrak{a} \cdot \mathfrak{b} = 0$

7. Vorauss.: $\mathfrak{a}\mathfrak{b} = 0$

Beh.: $|\mathfrak{a} + \mathfrak{b}| = |\mathfrak{a} - \mathfrak{b}|$

Bew.: Es gilt $|\mathfrak{a} + \mathfrak{b}| = \sqrt{(\mathfrak{a} + \mathfrak{b})^2} = \sqrt{a^2 + b^2}$

$|\mathfrak{a} - \mathfrak{b}| = \sqrt{(\mathfrak{a} - \mathfrak{b})^2} = \sqrt{a^2 + b^2}$, da $\mathfrak{a}\mathfrak{b} = 0$ ist.

8. $(\mathfrak{a}^0 + \mathfrak{b}^0)(\mathfrak{a}^0 - \mathfrak{b}^0) = \mathfrak{a}^{0^2} - \mathfrak{b}^{0^2} = 1 - 1 = 0$

9. a) Vorauss.: $|\mathfrak{a}| = |\mathfrak{r}|$

Beh.: $(\mathfrak{a} + \mathfrak{r}) \perp (\mathfrak{a} - \mathfrak{r})$

Bew.: $(\mathfrak{a} + \mathfrak{r})(\mathfrak{a} - \mathfrak{r}) = a^2 - r^2 = 0$ (Vorauss.)

b) Vorauss.: $(\mathfrak{a} + \mathfrak{b})(\mathfrak{a} - \mathfrak{r}) = 0$

Beh.: $|\mathfrak{a}| = |\mathfrak{r}|$ für jedes $\mathfrak{a}$

Bew.: $(\mathfrak{a} + \mathfrak{r})(\mathfrak{a} - \mathfrak{r}) = 0 \Rightarrow a^2 = r^2 \Rightarrow a = r$

10. $\overrightarrow{CA} = \mathfrak{a} - \mathfrak{c}$, $\overrightarrow{CB} = \mathfrak{b} - \mathfrak{c}$. Wir bilden: $(\mathfrak{b} - \mathfrak{c})(\mathfrak{a} - \mathfrak{c}) = \mathfrak{a}\mathfrak{b} - \mathfrak{b}\mathfrak{c} - \mathfrak{a}\mathfrak{c} + c^2$ (1).

Es gilt (Thalessatz): $(\mathfrak{a} - \mathfrak{c})(\mathfrak{b} + \mathfrak{a}) = 0 \Rightarrow \mathfrak{a}\mathfrak{b} - \mathfrak{b}\mathfrak{c} = \mathfrak{a}\mathfrak{c} - a^2$.

Einsetzen in (1) : $(\mathfrak{b} - \mathfrak{c})(\mathfrak{a} - \mathfrak{c}) = c^2 - a^2 = \text{const}$, da für jeden Punkt A des Kreises $|\mathfrak{a}|$ konstant bleibt.

$(\mathfrak{b} - \mathfrak{c})(\mathfrak{a} - \mathfrak{c}) = |\mathfrak{b} - \mathfrak{c}| \cdot |\mathfrak{a} - \mathfrak{c}| = c^2 - a^2 = \text{const}$.

11. Vorauss.: 1) $\mathfrak{h}\mathfrak{p} = \mathfrak{h}\mathfrak{q} = 0$ 2) $(\mathfrak{h} + \mathfrak{q}) \cdot (\mathfrak{h} - \mathfrak{p}) = 0$. Beh.: $h^2 = p \cdot q$
Bew.: $(\mathfrak{h} + \mathfrak{q})(\mathfrak{h} - \mathfrak{p}) = 0 \Rightarrow \mathfrak{h}^2 = \mathfrak{p}\mathfrak{q}$ (da $\mathfrak{h}\mathfrak{p} = \mathfrak{h}\mathfrak{q} = 0$) $\Rightarrow h^2 = p\,q$

12. $A = \mathfrak{K} \cdot \mathfrak{s} \cos(\mathfrak{K};\mathfrak{s}) = \frac{1}{2} \Rightarrow \alpha = 60^0$

13. $\mathfrak{r}_1 \cdot \mathfrak{r}_2 = 16 - 20 \cdot \frac{1}{2} - 6 = 0 \Rightarrow \mathfrak{r}_1 \perp \mathfrak{r}_2$.

$|\mathfrak{r}_1| = \sqrt{\mathfrak{r}^2} = 2\sqrt{2}$; $|\mathfrak{r}_2| = \sqrt{21}$

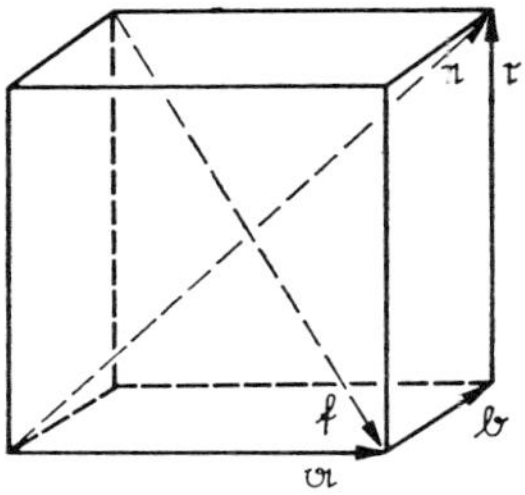

Bild 42.1

14. $\left.\begin{array}{l}\mathfrak{e} = \mathfrak{a} + \mathfrak{b} + \mathfrak{c}\\ \mathfrak{f} = \mathfrak{a} - \mathfrak{b} - \mathfrak{c}\end{array}\right\} \Rightarrow \mathfrak{e}\mathfrak{f} = a^2 - b^2 - c^2 = -a^2$

$\mathfrak{e}$ nicht senkrecht auf $\mathfrak{f}$. (Bild 42.1)

Ferner gilt: $\mathfrak{a} - \frac{\mathfrak{f}}{2} - \frac{\mathfrak{e}}{2} = \mathfrak{o}$ (die Terme für $\mathfrak{e}$ und $\mathfrak{f}$ einsetzen) $\Rightarrow \mathfrak{e}$ halbiert $\mathfrak{f}$.

15. a) aus $\left(\mathfrak{a} - \frac{\mathfrak{b}}{2}\right)(\mathfrak{a} + \mathfrak{b}) = 0$ folgt: $\mathfrak{a}\mathfrak{b} = -2 \Rightarrow \cos(\mathfrak{a}, \mathfrak{b}) = \frac{\mathfrak{a}\mathfrak{b}}{ab} = -\frac{1}{6} \Rightarrow \alpha = 99{,}6^0$

b) $\alpha = 90^0$ (Lösung wie a)

16. a) $(\mathfrak{a}^0 + 2\mathfrak{b}^0)(4\mathfrak{a}^0 + \mathfrak{b}^0) = 0 \Rightarrow \lambda = -2$

b) $|\mathfrak{r}_1| = \sqrt{5}$; $|\mathfrak{r}_2| = \sqrt{1 + \lambda^2}$; $\cos(\mathfrak{r}_1; \mathfrak{r}_2) = \frac{1}{2}\sqrt{2} = \frac{\mathfrak{r}_1 \cdot \mathfrak{r}}{|\mathfrak{r}_1|\,|\mathfrak{r}_2|}$; $\mathfrak{r}_1 \cdot \mathfrak{r}_2 = 1 + 2\lambda$

einsetzen : $\lambda_1 = \frac{1}{3}$; $\lambda_2 = -3$

Seite 94

17. a) $BS = |\mathfrak{c} - \mathfrak{a}| = 7$; $CS = |\mathfrak{c} - \mathfrak{a} - \mathfrak{b}| = \sqrt{85}$; $DS = |\mathfrak{c} - \mathfrak{b}| = 5$

b) $\cos(\mathfrak{c}; \mathfrak{c} - \mathfrak{a}) = \frac{11}{14} \Rightarrow \alpha = 38{,}22^0$

18. $\mathfrak{d} = \mathfrak{a} + \mathfrak{b} + \mathfrak{c}$, $d_{\mathfrak{a}} = \frac{\mathfrak{d} \cdot \mathfrak{a}}{a} = \frac{5}{2}$, $|\mathfrak{d}_{\mathfrak{b}}| = \frac{\mathfrak{d} \cdot \mathfrak{b}}{b} = \frac{7}{2}$, $|\mathfrak{d}_{\mathfrak{c}}| = \frac{\mathfrak{d} \cdot \mathfrak{c}}{c} = \frac{9}{2}$

19. Es gilt: $a_{\mathfrak{b}} = \frac{\mathfrak{a}\mathfrak{b}}{b}$ und $\mathfrak{a}_{\mathfrak{b}} = a_{\mathfrak{b}} \cdot \mathfrak{b}^0$ und $\mathfrak{b}^0 = \frac{1}{b}\mathfrak{b}$. Einsetzen ergibt: $\mathfrak{a}_{\mathfrak{b}} = \frac{\mathfrak{a}\mathfrak{b}}{b^2} \cdot \mathfrak{b}$

5.4. Das skalare Produkt in Koordinatendarstellung

Seite 96

1. a) $\mathfrak{a}\mathfrak{b} = 2$ **b)** $\mathfrak{a}\mathfrak{b} = 0$ **2.** $a = 5$, $b = \sqrt{30}$, $c = \sqrt{10}$

3. a) $\alpha = 167^0 30' 20''$ **b)** $\alpha = 71^0 14' 18''$ **c)** $\alpha = 46^0 03' 42''$

4. $\cos(\mathfrak{a}; \mathfrak{i}) = \frac{\mathfrak{a} \cdot \mathfrak{i}}{a} = 0{,}6 \Rightarrow \sphericalangle(\mathfrak{a}; \mathfrak{i}) = 53^0 7' 50''$; $\sphericalangle(\mathfrak{a}; \mathfrak{j}) = 143^0 7' 48''$;

$\sphericalangle(\mathfrak{b}; \mathfrak{i}) = 38^0 56' 30''$; $\sphericalangle(\mathfrak{b}; \mathfrak{j}) = 63^0 36' 40''$; $\sphericalangle(\mathfrak{b}; \mathfrak{k}) = 116^0 23' 20''$
$\sphericalangle(\mathfrak{c}; \mathfrak{i}) = 82^0 52' 30''$; $\sphericalangle(\mathfrak{c}; \mathfrak{i}) = 90^0$; $\sphericalangle(\mathfrak{c}; \mathfrak{k}) = 7^0 8'$

5. $\mathfrak{a}$ und $\mathfrak{b}$ sind kollinear, da $\mathfrak{a} \cdot \mathfrak{b} = ab$; $\mathfrak{a} = 2\mathfrak{b}$ **6. a)** $\mathfrak{a}\mathfrak{b} = 0$ **b)** $\mathfrak{a} \cdot \mathfrak{b} = 0$

Seite 97

7. $\mathfrak{a}_{\mathfrak{b}} = \begin{pmatrix} -\frac{3}{2} \\ \frac{9}{10} \\ \frac{6}{5} \end{pmatrix}$ **8.** $|\mathfrak{r}_2 - \mathfrak{r}_1| = \sqrt{(\mathfrak{r}_2 - \mathfrak{r}_1)^2} = \sqrt{(\mathfrak{r}_1 - \mathfrak{r}_2)^2}$

9. $|\mathfrak{r}_2 - \mathfrak{r}_1| = \sqrt{36} = 6$; $|\mathfrak{r}_3 - \mathfrak{r}_2| = \sqrt{81} = 9$; $|\mathfrak{r}_3 - \mathfrak{r}_1| = \sqrt{17}$

10. a) $\alpha = 48^0 47'43''$ $\beta = 62^0 45'3''$ $\gamma = 68^0 27'12''$
b) $\alpha = 71^0 23'25''$ $\beta = 86^0 47'16'$ $\gamma = 21^0 49'13''$

11. a) $\mathfrak{a}' = \begin{pmatrix} 1 \\ -2 \end{pmatrix}$, $\mathfrak{a}'' = \begin{pmatrix} -1 \\ 2 \end{pmatrix}$ **b)** $\mathfrak{a}_1 = \begin{pmatrix} -2 \\ 1 \end{pmatrix}$, $\mathfrak{a}_2 = \begin{pmatrix} -1 \\ -2 \end{pmatrix}$, $\mathfrak{a}_3 = \begin{pmatrix} 2 \\ -1 \end{pmatrix}$

12. $\left.\begin{array}{l} \mathfrak{a}' = \mathfrak{a}_{\mathfrak{b}} - \mathfrak{b}_1 \\ \mathfrak{b}_1 = \mathfrak{a} - \mathfrak{a}_{\mathfrak{b}} \end{array}\right\} \Rightarrow \mathfrak{a}' = \begin{pmatrix} 11 \\ 2 \end{pmatrix}$ (Bild 43.1)

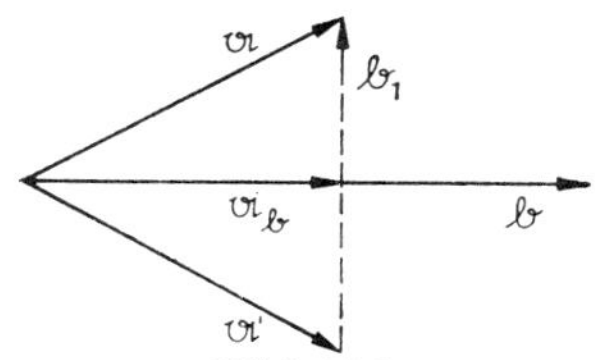

Bild 43.1

13. a) $\left.\begin{array}{l} \mathfrak{a}\mathfrak{i} = a_x \\ \mathfrak{a}\mathfrak{j} = a_y \\ \mathfrak{a}\mathfrak{k} = a_z \end{array}\right\} \Rightarrow \mathfrak{a} = \begin{pmatrix} 4 \\ 7 \\ 4 \end{pmatrix}$, $|\mathfrak{a}| = 9$ **b)** $\mathfrak{a} = \begin{pmatrix} 5 \\ 12 \\ 0 \end{pmatrix}$, $|\mathfrak{a}| = 13$

14. (1) $\mathfrak{r}_1 = \dfrac{\mathfrak{r}_2 + \lambda \mathfrak{r}_3}{1 + \lambda}$, $\left.\begin{array}{l} \mathfrak{r}_2 = \mathfrak{r}_0 + \lambda_2 \mathfrak{u}_1 \\ \mathfrak{r}_3 = \mathfrak{r}_0 + \mu_3 \mathfrak{u}_2 \end{array}\right\}$ einsetzen in (1) :

$\mathfrak{r}_2 = \begin{pmatrix} 5 \\ 4 \end{pmatrix}$, $\mathfrak{r}_3 = \begin{pmatrix} 8 \\ -8 \end{pmatrix}$

(Bild 43.2) $\lambda = \frac{1}{2}$ $|\mathfrak{r}_3 - \mathfrak{r}_2| = \sqrt{153}$

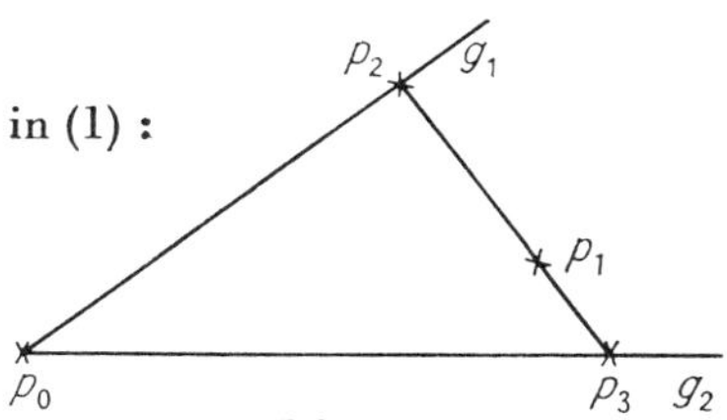

Bild 43.2

15. a) $a_x^0 = \cos(\mathfrak{a}^0, \mathfrak{i}) = \cos 45 = \frac{1}{2}\sqrt{2}$, $a_y^0 = \frac{1}{2}\sqrt{2} \Rightarrow \mathfrak{a}^0 = \begin{pmatrix} \frac{1}{2}\sqrt{2} \\ \frac{1}{2}\sqrt{2} \end{pmatrix}$

b) $\mathfrak{a}^0 = \begin{pmatrix} -\frac{1}{2}\sqrt{2} \\ \frac{1}{2}\sqrt{2} \end{pmatrix}$

16. $|\mathfrak{d}| = 1$, $d_x = d_y = d_z$, $d_x^2 + d_y^2 + d_z^2 = 1 \Rightarrow \mathfrak{d} = \begin{pmatrix} \frac{1}{3}\sqrt{3} \\ \frac{1}{3}\sqrt{3} \\ \frac{1}{3}\sqrt{3} \end{pmatrix}$

$\alpha = \beta = \gamma = 54{,}7^0$ (Richtungskosinus!)

17. $\mathfrak{d} = \begin{pmatrix}1\\2\\3\end{pmatrix} \Rightarrow \mathfrak{d}^0 = \begin{pmatrix}\frac{1}{\sqrt{14}}\\ \frac{2}{\sqrt{14}}\\ \frac{3}{\sqrt{14}}\end{pmatrix} \Rightarrow \alpha = 74{,}5^0,\ \beta = 57{,}7^0,\ \gamma = 36{,}7^0.$

5.5. Lotvektoren

Seite 99

1. $\mathfrak{a}(\lambda\bar{\mathfrak{a}}_1 + \mu\bar{\mathfrak{a}}_2) = 0$

2. $\left\{\lambda\begin{pmatrix}0\\2\\0\end{pmatrix} + \mu\begin{pmatrix}0\\0\\2\end{pmatrix}\right\}$, $\bar{\mathfrak{a}}_1 = \mathfrak{o}$, $\bar{\mathfrak{a}}_2 = 2\mathfrak{k}$, $\bar{\mathfrak{a}}_3 = 2\mathfrak{j}$

3. $\bar{\mathfrak{a}} \cdot \mathfrak{a} = 0;\ \bar{\mathfrak{a}} = -a_y\bar{\mathfrak{a}}_2 + a_z\bar{\mathfrak{a}}_3$

4. a) $\left\{\lambda\begin{pmatrix}0\\1\\3\end{pmatrix} + \mu\begin{pmatrix}-1\\0\\-2\end{pmatrix}\right\}$ **b)** $\left\{\lambda\begin{pmatrix}0\\-4\\0\end{pmatrix} + \mu\begin{pmatrix}4\\0\\1\end{pmatrix}\right\}$

5. $\mathfrak{r} = \mathfrak{r}_M + \lambda(\overline{\mathfrak{r}_1 - \mathfrak{r}_2}) = \begin{pmatrix}4\\-4\end{pmatrix} + \lambda\begin{pmatrix}-2\\1\end{pmatrix}$ (verkürzter Richt.-Vektor)

6. $\mathfrak{r}_M = \begin{pmatrix}17\\-2\end{pmatrix}$, $r = 5\sqrt{13}$ **7.** $\mathfrak{r}_s = \begin{pmatrix}-2\\3\frac{1}{3}\end{pmatrix}$ (Beachte Aufgabenänderung gegenüber früheren Auflagen!)

8. $\mathfrak{r}_s = \begin{pmatrix}-5\\3\end{pmatrix}$

9. $\mathfrak{r} = \begin{pmatrix}6\\-1\end{pmatrix} + \lambda\begin{pmatrix}2\\-7\end{pmatrix}$, $\mathfrak{r} = \begin{pmatrix}-2\\4\end{pmatrix} + \lambda\begin{pmatrix}7\\1\end{pmatrix}$, $\mathfrak{r} = \begin{pmatrix}5\\6\end{pmatrix} + \lambda\begin{pmatrix}-5\\-8\end{pmatrix}$

10. $\mathfrak{r}_s = \begin{pmatrix}7\\2\end{pmatrix}$, $\mathfrak{r}_M = \begin{pmatrix}6\\2\end{pmatrix}$, $\mathfrak{r} = \begin{pmatrix}6\\2\end{pmatrix} + \lambda\begin{pmatrix}0\\1\end{pmatrix}$ (verkürzter Richt.-Vektor)

5.6. Die Behandlung von Vektorgleichungen mit Hilfe des operativen Verfahrens

Seite 101

1. a) $\mathfrak{a}\mathfrak{b} = \lambda_1\mathfrak{b}^2 \Rightarrow \lambda_1 = \frac{3}{4}$ **b)** $\lambda = \frac{31}{69}$, aber $\mathfrak{a} \neq \lambda_1\mathfrak{b}$

2. $\lambda_1 = \frac{\mathfrak{a}\mathfrak{b}}{\mathfrak{b}^2} = \frac{1}{10}$, $\mu_1 = \frac{\mathfrak{a}\bar{\mathfrak{b}}}{\mathfrak{b}^2}$ $(\bar{\mathfrak{b}}^2 = \mathfrak{b}^2!)$

3. Multiplikation mit $\mathfrak{b}$ ergibt: $\mathfrak{a}\mathfrak{b} = c_x^2$.

4. $\mathfrak{c} = \mathfrak{a} - \mathfrak{b} \mid \cdot\, \mathfrak{a} \Rightarrow a^2 = p \cdot c$ (Bild 101.1)

5. $\mathfrak{c} = \mathfrak{b} - \mathfrak{a} \mid \cdot\, \mathfrak{h}_c \Rightarrow \frac{\sin\alpha}{\sin\beta} = \frac{a}{b}$

6. $\mathfrak{b}(\mathfrak{c} - \mathfrak{a}) = 0$ (1)
$\mathfrak{a}(\mathfrak{c} - \mathfrak{b}) = 0$ (2)
(1) – (2) : $(\mathfrak{b} - \mathfrak{a})\mathfrak{c} = 0$

7. $\mathfrak{n}\mathfrak{r} = \lambda\mathfrak{n}\mathfrak{a} + \mu\mathfrak{n}\mathfrak{b} = 0$

8. $\mathfrak{a}^\circ = a_x\mathfrak{i} + a_y\mathfrak{j} \Rightarrow \mathfrak{a}^\circ\mathfrak{i} = a_x = 1 \cdot 1 \cos(\mathfrak{a}; \mathfrak{i})$ und $\mathfrak{a}^\circ\mathfrak{j} = a_y = \cos(\mathfrak{a}; \mathfrak{j}) = \sin(\mathfrak{a}; \mathfrak{i})$

5.7. Vermischte Aufgaben

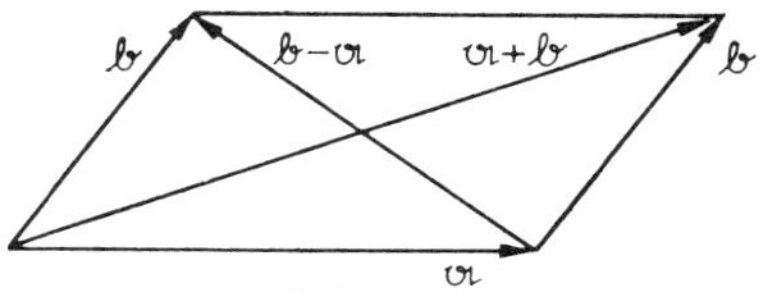

Bild 45.1

1. $(\mathfrak{a}+\mathfrak{b})^2 + (\mathfrak{b}-\mathfrak{a})^2 = 2\mathfrak{a}^2 + 2\mathfrak{b}^2$ (Bild 45.1)

Seite 102

2. **a)** $\mathfrak{r}_4 = \mathfrak{r}_1 + (\mathfrak{r}_3 - \mathfrak{r}_2) = \begin{pmatrix}3\\5\\3\end{pmatrix}$ **b)** $|\mathfrak{r}_2 - \mathfrak{r}_1| = |\mathfrak{r}_3 - \mathfrak{r}_2| = 3\,\text{LE}$ **c)** $\alpha = \beta = 90^0$

d) $F = 9\,\text{FE}$ **e)** $\mathfrak{r}_M = \begin{pmatrix}3{,}5\\5{,}5\\5\end{pmatrix}$ **f)** $e = 3\sqrt{2}$ **3.** $c = 11,\ b = \sqrt{38},\ a = \sqrt{33}$

4. $\mathfrak{a}^\circ = \begin{pmatrix}\cos 60^\circ\\ \cos 60^\circ\\ a_z\end{pmatrix},\ |\mathfrak{a}^\circ|^2 = \frac{1}{4} + \frac{1}{4} + a_z^2 = 1 \Rightarrow a_z = \pm\frac{1}{2}\sqrt{2}$

$\sphericalangle\,(\mathfrak{a}^\circ; z) = 45^\circ\ (135^\circ),\ \mathfrak{a}^\circ_{1/2} = \begin{pmatrix}\frac{1}{2}\\ \frac{1}{2}\\ \pm\frac{1}{2}\sqrt{2}\end{pmatrix}$

5. $\begin{pmatrix}x_1\\y_1\end{pmatrix}\begin{pmatrix}1\\2\end{pmatrix} = 4 \Rightarrow \mathfrak{x}_1 = \begin{pmatrix}2\\1\end{pmatrix} \Rightarrow \mathfrak{r} = \begin{pmatrix}2\\1\end{pmatrix} + \lambda\bar{\mathfrak{a}} \Rightarrow \mathfrak{r} = \begin{pmatrix}2\\1\end{pmatrix} + \lambda\begin{pmatrix}-2\\1\end{pmatrix}$

6. **a)** $\mathfrak{r}_H = \begin{pmatrix}\frac{19}{9}\\ \frac{23}{9}\end{pmatrix}$ **b)** $\mathfrak{r}_S = \begin{pmatrix}\frac{10}{3}\\ \frac{10}{3}\end{pmatrix}$ **c)** $\mathfrak{r}_M = \begin{pmatrix}\frac{71}{18}\\ \frac{67}{18}\end{pmatrix}$ **d)** $\mathfrak{r} = \begin{pmatrix}\frac{19}{9}\\ \frac{23}{9}\end{pmatrix} + \lambda\begin{pmatrix}\frac{11}{9}\\ \frac{7}{9}\end{pmatrix}$

7. $\left.\begin{aligned}\mathfrak{a}^\circ &= \cos\alpha\,\mathfrak{i} + \sin\alpha\,\mathfrak{j}\\ \mathfrak{b}^\circ &= \cos\beta\,\mathfrak{i} + \sin\beta\,\mathfrak{j}\end{aligned}\right\}\quad \begin{aligned}\mathfrak{a}^\circ\cdot\mathfrak{b}^\circ &= 1\cdot 1\cdot\cos(\mathfrak{a}^\circ;\mathfrak{b}^\circ)\\ &= \cos(\alpha-\beta)\end{aligned}$

$\mathfrak{a}^\circ\cdot\mathfrak{b}^\circ = \cos\alpha\cos\beta + \sin\alpha\sin\beta \Rightarrow$

$\cos(\alpha-\beta) = \cos\alpha\cos\beta + \sin\alpha\sin\beta$

$\left.\begin{aligned}\mathfrak{a}^\circ &= \cos\alpha\,\mathfrak{i} + \sin\alpha\,\mathfrak{j}\\ \mathfrak{b}^\circ &= \cos\beta\,\mathfrak{i} - \sin\beta\,\mathfrak{j}\end{aligned}\right\}\quad \mathfrak{a}^\circ\cdot\mathfrak{b}^\circ = \cos(\alpha+\beta)$

$\mathfrak{a}^\circ\mathfrak{b}^\circ = \cos\alpha\cos\beta - \sin\alpha\sin\beta \Rightarrow$

$\cos(\alpha+\beta) = \cos\alpha\cos\beta - \sin\alpha\sin\beta$

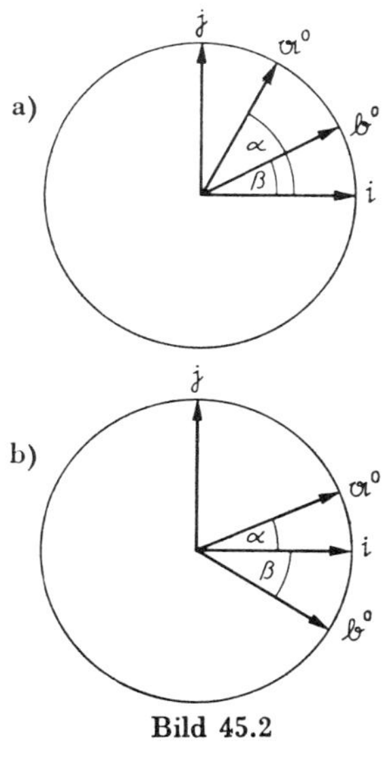

Bild 45.2

6. Analytische Geometrie II
Normalenformen der Geraden- und Ebenengleichung

6.1. Die Punkt-Normalenform

Seite 106

1. **a)** $3x - 7y - 34 = 0$ **b)** $4x + 5y - 8 = 0$ **c)** $2x - y - 3 = 0$

2. **a)** $\begin{pmatrix} 0{,}5 \\ -1 \\ 0 \end{pmatrix} \mathfrak{r} - 7 = 0$ **b)** $\begin{pmatrix} 1 \\ 0 \\ 0 \end{pmatrix} \mathfrak{r} - 4 = 0$ **c)** $\begin{pmatrix} -\frac{2}{3} \\ -1 \\ \frac{4}{5} \end{pmatrix} \mathfrak{r} - 1 = 0$ **d)** $\begin{pmatrix} 3 \\ -4 \\ -1 \end{pmatrix} \mathfrak{r} = 0$

a) $E \perp$ xy-Ebene b) $E \parallel$ yz-Ebene c) Achsenabschnitte: $-\frac{3}{2}, -1, \frac{5}{4}$ d) E geht durch den Ursprung

3. **a)** $\begin{pmatrix} 0 \\ 1 \end{pmatrix} \mathfrak{r} + 3 = 0$ **b)** $\begin{pmatrix} 1 \\ 0 \end{pmatrix} \mathfrak{r} - 4 = 0$ **c)** $\begin{pmatrix} 3 \\ 5 \end{pmatrix} \mathfrak{r} + 3 = 0$

4. $\mathfrak{n}\mathfrak{r} = 0$ **5.** $\begin{pmatrix} 2 \\ -1 \\ -1 \end{pmatrix} \mathfrak{r} - 2 = 0$ **6.** $\mathfrak{n} = \overline{\mathfrak{r}_2 - \mathfrak{r}_1} \Rightarrow \begin{pmatrix} 4 \\ 1 \end{pmatrix} \mathfrak{r} - 11 = 0$

Seite 107

7. $\mathfrak{n}_1 = \mathfrak{u}_2 \Rightarrow \begin{pmatrix} 2 \\ -5 \end{pmatrix} \mathfrak{r} - 12 = 0$

8. **a)** $\mathfrak{u}_1 = \bar{\mathfrak{n}}_1,\ \mathfrak{u}_2 = \bar{\mathfrak{n}} \Rightarrow g_1\colon \begin{pmatrix} 3 \\ -1 \end{pmatrix} \mathfrak{r} + 4 = 0,\ g_2\colon \begin{pmatrix} 1 \\ -2 \end{pmatrix} \mathfrak{r} - 2 = 0$

b) $P_1(0/4),\ P_2(2/0) \Rightarrow \begin{pmatrix} 1 \\ -2 \end{pmatrix} \mathfrak{r} + 8 = 0,\ \begin{pmatrix} 3 \\ -1 \end{pmatrix} \mathfrak{r} - 6 = 0$

9. **a)** P_1: ja, P_2: ja, P_3: nein **b)** P_1: nein, P_2: ja, P_3: nein

10. $\mathfrak{n} = \mathfrak{r}_2 - \mathfrak{r}_1 = \begin{pmatrix} 4 \\ -6 \\ 2 \end{pmatrix},\ \mathfrak{r}_0 = \begin{pmatrix} 5 \\ 2 \\ 2 \end{pmatrix} \Rightarrow \begin{pmatrix} 2 \\ -3 \\ 1 \end{pmatrix} \mathfrak{r} - 6 = 0$

$2x - 3y - 6 = 0;\ 2x + z - 6 = 0;\ -3y + z - 6 = 0$

11. Parameter eliminieren : $\begin{pmatrix} -6 \\ 2 \\ -3 \end{pmatrix} \mathfrak{r} + 56 = 0$

12. **a)** $\mathfrak{u}' = \begin{pmatrix} 1 \\ 2 \end{pmatrix} \Rightarrow \begin{pmatrix} 2 \\ -1 \end{pmatrix} \mathfrak{r} = 0;\ \mathfrak{u}'' = \begin{pmatrix} -1 \\ -2 \end{pmatrix} \Rightarrow 2x - y = 0$

b) $P_1(1/-2),\ \mathfrak{n}' = \begin{pmatrix} 1 \\ -2 \end{pmatrix} \Rightarrow x - 2y - 5 = 0;\ P_1''(-1/2),\ \mathfrak{n}'' = \begin{pmatrix} -1 \\ 2 \end{pmatrix}$

$\Rightarrow -x + 2y - 5 = 0$

13. **a)** $\begin{pmatrix} 4 \\ 5 \end{pmatrix} \mathfrak{r} - 20 = 0,\ \begin{pmatrix} 1 \\ 0 \end{pmatrix} \mathfrak{r} - 5 = 0,\ \begin{pmatrix} -2 \\ 5 \end{pmatrix} \mathfrak{r} - 20 = 0$

Anlage 1
(zu § 10 Abs. 4)

Tabelle
für die Bildung eines Prüfungsergebnisses bei schriftlicher und mündlicher Prüfung

(Verhältnis 2 : 1)

mündliche Prüfung: Noten		Punkte	schriftliche Prüfung: 6	5 −	5	5 +	4 −	4	4 +	3 −	3	3 +	2 −	2	2 +	1 −	1	1 +
			0	1	2	3	4	5	6	7	8	9	10	11	12	13	14	15
6		0	0	2	5	8	10	13	16	18	21	24	26	29	32	34	37	40
5	−	1	1	4	6	9	12	14	17	20	22	25	28	30	33	36	38	41
		2	2	5	8	10	13	16	18	21	24	26	29	32	34	37	40	42
	+	3	4	6	9	12	14	17	20	22	25	28	30	33	36	38	41	44
4	−	4	5	8	10	13	16	18	21	24	26	29	32	34	37	40	42	45
		5	6	9	12	14	17	20	22	25	28	30	33	36	38	41	44	46
	+	6	8	10	13	16	18	21	24	26	29	32	34	37	40	42	45	48
3	−	7	9	12	14	17	20	22	25	28	30	33	36	38	41	44	46	49
		8	10	13	16	18	21	24	26	29	32	34	37	40	42	45	48	50
	+	9	12	14	17	20	22	25	28	30	33	36	38	41	44	46	49	52
2	−	10	13	16	18	21	24	26	29	32	34	37	40	42	45	48	50	53
		11	14	17	20	22	25	28	30	33	36	38	41	44	46	49	52	54
	+	12	16	18	21	24	26	29	32	34	37	40	42	45	48	50	53	56
1	−	13	17	20	22	25	28	30	33	36	38	41	44	46	49	52	54	57
		14	18	21	24	26	29	32	34	37	40	42	45	48	50	53	56	58
	+	15	20	22	25	28	30	33	36	38	41	44	46	49	52	54	57	60

Zur Ermittlung des Endergebnisses in dem jeweiligen Prüfungsfach wird zu der Punktzahl, die der Tabelle entnommen worden ist, die Punktzahl für die Kursleistung im Abschlußsemester in einfacher Wertung hinzugezählt.

— Dieser Tabelle liegt folgender Rechenvorgang zugrunde:
Das Ergebnis der schriftlichen Prüfung wird mit $2^2/_3$, das der mündlichen Prüfung mit $1^1/_3$ multipliziert, die sich ergebenden Punktzahlen werden addiert. Bei dem Endergebnis bleiben Bruchteile von Punkten unberücksichtigt.

— Die beim Rechenvorgang zur Ermittlung des Endergebnisses angewendete Formel lautet:

$$P = \frac{2s + m}{3} \cdot 4$$

Bei dem Ergebnis bleiben Bruchteile von Punkten unberücksichtigt.

(P = endgültige Punktsumme der schriftlichen und mündlichen Prüfung im Fach.
s = Punktzahl der schriftlichen Prüfung im Fach.
m = Punktzahl der mündlichen Prüfung im Fach). 1

Die folgende Tabelle gibt die Umrechnung von der Punktzahl der Gesamtqualifikation P auf die Gesamtnote oder Durchschnittsnote N an:

Punkte	Durchschnittsnote	Punkte	Durchschnittsnote	Punkte	Durchschnittsnote
300	4,0				
301–318	3,9	481–498	2,9	661–678	1,9
319–336	3,8	499–516	2,8	679–696	1,8
337–354	3,7	517–534	2,7	697–714	1,7
355–372	3,6	535–552	2,6	715–732	1,6
373–390	3,5	553–570	2,5	733–750	1,5
391–408	3,4	571–588	2,4	751–768	1,4
409–426	3,3	589–606	2,3	769–786	1,3
427–444	3,2	607–624	2,2	787–804	1,2
445–462	3,1	625–642	2,1	805–822	1,1
463–480	3,0	643–660	2,0	823–900	1,0

b) $\begin{pmatrix} 5 \\ -4 \end{pmatrix} \mathfrak{r} - 1 = 0, \quad \begin{pmatrix} 5 \\ 2 \end{pmatrix} \mathfrak{r} - 25 = 0, \quad \begin{pmatrix} 0 \\ 1 \end{pmatrix} \mathfrak{r} - 4 = 0$

c) $\begin{pmatrix} -8 \\ 5 \end{pmatrix} \mathfrak{r} + 10 = 0, \quad \begin{pmatrix} 1 \\ 5 \end{pmatrix} \mathfrak{r} - 20 = 0, \quad \begin{pmatrix} 2 \\ 1 \end{pmatrix} \mathfrak{r} - 10 = 0$

14. 4 Lösungen: $\begin{pmatrix} 1 \\ 1 \\ 1 \end{pmatrix} \mathfrak{r} - 3 = 0 \; [\mathfrak{n} = \mathfrak{r}_7], \; \begin{pmatrix} +1 \\ +1 \\ -1 \end{pmatrix} \mathfrak{r} - 1 = 0 \; [\mathfrak{n} = -\mathfrak{r}_5 + \mathfrak{r}_3],$

$\begin{pmatrix} -1 \\ 1 \\ 1 \end{pmatrix} \mathfrak{r} - 1 = 0 \; [\mathfrak{n} = -\mathfrak{r}_2 + \mathfrak{r}_8], \; \begin{pmatrix} 1 \\ -1 \\ 1 \end{pmatrix} \mathfrak{r} - 1 = 0 \; [\mathfrak{n} = -\mathfrak{r}_4 + \mathfrak{r}_6]$

15. $\begin{pmatrix} 1 \\ -2 \end{pmatrix} \mathfrak{r} - \begin{pmatrix} 1 \\ -2 \end{pmatrix} \begin{pmatrix} -5 \\ 2 \end{pmatrix} = 0, \quad \begin{pmatrix} 2 \\ 1 \end{pmatrix} \mathfrak{r} - \begin{pmatrix} 2 \\ 1 \end{pmatrix} \begin{pmatrix} -5 \\ 2 \end{pmatrix} = 0$

Seite 108

16. $\begin{pmatrix} 1 \\ -3 \end{pmatrix} \mathfrak{r} + 8 = 0, \quad \begin{pmatrix} 2 \\ -1 \end{pmatrix} \mathfrak{r} - 14 = 0, \quad \begin{pmatrix} 1 \\ -1 \end{pmatrix} \mathfrak{r} - 4 = 0$

17. $\mathfrak{r}_1 = \begin{pmatrix} 0 \\ y_1 \end{pmatrix}, \; \mathfrak{r}_2 = \begin{pmatrix} x_2 \\ 0 \end{pmatrix}, \; \mathfrak{r}_M = \frac{\mathfrak{r}_1 + \mathfrak{r}_2}{2} \Rightarrow \mathfrak{r}_1 = \begin{pmatrix} 0 \\ 61 \end{pmatrix}, \; \mathfrak{r}_2 = \begin{pmatrix} 10 \\ 0 \end{pmatrix} \Rightarrow$

$\begin{pmatrix} 61 \\ 10 \end{pmatrix} \mathfrak{r} - 610 = 0$

6.2. Die Hessesche Normalenform

Seite 110

1. $d = 2$ **2. a)** $e = 2$ **b)** $e = 8$ (Orientierung der Normalenvektoren!)

3. $7x - 4y + 4z - 45 = 0, \; -7x + 4y - 4z - 45 = 0$ (Orientierung der Normalenvektoren!)

4. a) $\mathfrak{d} = \mathfrak{n} = \mathfrak{r}_1 \Rightarrow \begin{pmatrix} d_x \\ d_y \end{pmatrix} \mathfrak{r} - (d_x^2 + d_y^2) = 0$ **b)** $\begin{pmatrix} 1 \\ 2 \end{pmatrix} \mathfrak{r} - 5 = 0$

5. a) $\begin{pmatrix} 4 \\ 0 \\ 3 \end{pmatrix} \mathfrak{r} - 5 = 0 \Rightarrow e = 3$ **b)** Die Parallelebene liegt zwischen Nullpunkt und E_1.

6. $\mathfrak{n}^\circ \mathfrak{r} = d + a, \; \mathfrak{n}^\circ \mathfrak{r} = d - a$

7. a) $d = 2 \quad \alpha = 73{,}74°, \; \beta = 16{,}26°$ (Richtungskosinus) **b)** $\mathfrak{r}_0 = 2\mathfrak{n}^\circ = \begin{pmatrix} \frac{14}{25} \\ \frac{48}{25} \end{pmatrix}$

Seite 111

8. $\cos(\mathfrak{n}^\circ; \mathfrak{i}) = n_x^\circ = \cos 30^\circ = \frac{1}{2}\sqrt{3}$, $\cos(\mathfrak{n}^\circ; \mathfrak{k}) = n_z^\circ = \frac{1}{2} \Rightarrow \begin{pmatrix} \frac{1}{2}\sqrt{3} \\ -\frac{1}{2} \end{pmatrix} \mathfrak{r} = 5$

$\begin{pmatrix} \sqrt{2} \\ \pm\sqrt{2} \end{pmatrix} \mathfrak{r} = 10$, $\begin{pmatrix} 1 \\ \pm\sqrt{3} \end{pmatrix} \mathfrak{r} = 10$

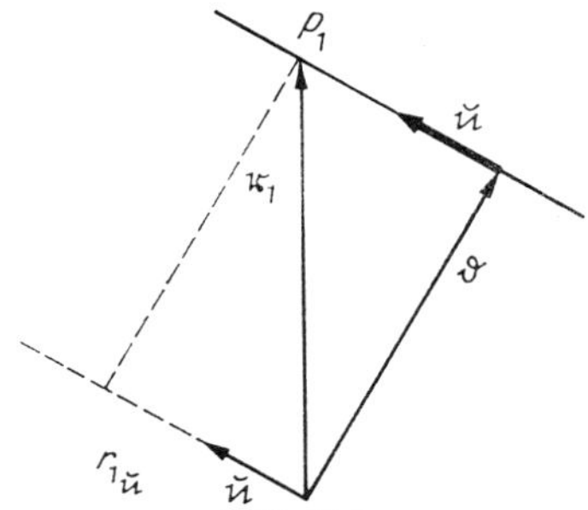

Bild 48.1

9. $\mathfrak{r}_{1\mathfrak{u}} = \frac{\mathfrak{r}_1 \mathfrak{u}}{u}$, $\mathfrak{r}_{1\mathfrak{u}} = \mathfrak{r}_{1\mathfrak{u}} \mathfrak{u}^\circ = \frac{\mathfrak{r}_1 \mathfrak{u}}{\mathfrak{u}^2}$, $\mathfrak{d} = \mathfrak{r}_1 - \mathfrak{r}_{1\mathfrak{u}} \Rightarrow$

$\mathfrak{d} = \mathfrak{r}_1 - \frac{\mathfrak{r}_1 \mathfrak{u}}{\mathfrak{u}^2} \mathfrak{u}$

10. **a)** $d = \frac{26}{5}$ **b)** $d = 5$ **c)** $d = \frac{1}{13}$ **11.** Ebene geht durch 0-Punkt

12. $\begin{pmatrix} 3 \\ -1 \\ 6 \end{pmatrix} \mathfrak{r} - 17 = 0$, $d = \frac{17}{\sqrt{46}}$ **13.** $\mathfrak{n} = \mathfrak{r}_1 \Rightarrow 5x - 12y - 169 = 0$

14. $\mathfrak{n}^\circ \mathfrak{r} - 2 = 0$ mit $\mathfrak{n} = \lambda \begin{pmatrix} 0 \\ -6 \\ 3 \end{pmatrix} + \mu \begin{pmatrix} -6 \\ 0 \\ 2 \end{pmatrix}$, also unendlich viele Ebenen.

15. $\mathfrak{n}^\circ \mathfrak{r} - d = 0$, $\mathfrak{n}^\circ = \begin{pmatrix} \cos(\mathfrak{n}^\circ, \mathfrak{i}) \\ \cos(\mathfrak{n}^\circ, \mathfrak{j}) \\ \cos(\mathfrak{n}^\circ, \mathfrak{k}) \end{pmatrix}$ (Richtungskosinus!)

16. $-n_x^\circ + 7n_y^\circ - 5 = 0$ und $n_x^{\circ 2} + n_y^{\circ 2} = 1 \Rightarrow n_{x_1}^\circ = -\frac{4}{5}$, $n_{x_2}^\circ = \frac{3}{5} \Rightarrow \begin{pmatrix} -4 \\ 3 \end{pmatrix} \mathfrak{r} - 25 = 0$

und $\begin{pmatrix} 3 \\ 4 \end{pmatrix} \mathfrak{r} - 25 = 0$

17. **a)** $\frac{x}{6} + \frac{y}{4} + \frac{z}{-3} = 1$ **b)** $\frac{x}{-16} + \frac{y}{28} + \frac{z}{14} = 1$ **c)** $\frac{x}{-1} + \frac{y}{\frac{1}{5}} + \frac{z}{\frac{1}{3}} = 1$

18. **a)** $\frac{x}{\frac{1}{2}} + \frac{y}{1} = 1$ **b)** $\frac{x}{\frac{5}{3}} + \frac{y}{\frac{5}{8}} = 1$.

6.3. Abstandsberechnungen

Seite 113

1. **a)** $|e_1| = 7$, $|e_2| = \left|-3\frac{1}{5}\right|$, $|e_3| = \left|-2\frac{3}{5}\right|$ **b)** $|e_1| = 11$, $|e_2| = 0$

2. $d = \pm \frac{2}{5}$ mit $\mathfrak{n}^\circ = \begin{pmatrix} \pm \frac{3}{5} \\ \pm \frac{4}{5} \end{pmatrix}$. Vorzeichen hängt ab von der Orientierung von $\mathfrak{n}^\circ$.

3. $h_1 = \frac{51}{\sqrt{89}}$, $h_2 = \frac{51}{5\sqrt{2}}$, $h_3 = \frac{51}{\sqrt{53}}$

4. a) $x + 2y - 10 = 0 \Rightarrow e_3 = 3\sqrt{5}$ b) $-3x + y - 5 = 0 \Rightarrow e_3 = \frac{1}{2}\sqrt{10}$

5. a) $-x + 2y - 6 = 0 \Rightarrow |e_1| = |-2\sqrt{5}|$ b) $x - 7 = 0 \Rightarrow |e_1| = |-1|$

c) $x + y - 4 = 0 \Rightarrow e_1 = \frac{1}{2}\sqrt{2}$

6. Konstruktion: Tangenten von P_1 an den Kreis $(P_2; r = 5)$.

$\mathfrak{n}^\circ\mathfrak{r}_2 - \mathfrak{n}^\circ\mathfrak{r}_1 = -5$, $n_x^{\circ 2} + n_y^{\circ 2} = 1 \Rightarrow n_{x_1}^\circ = 1$ und $n_{x_2}^\circ = \frac{21}{29} \Rightarrow$

g_1: $x - 8 = 0$, g_2: $21x - 20y = 68$

7. $e = d_1 + d_2 = 10$ 8. $e = 3$

9. $-\frac{7}{9}x + \frac{4}{9}y - \frac{4}{9}z - 5 = 0$, $-\frac{7}{9}x + \frac{4}{9}y - \frac{4}{9}z - 1 = 0$

10. $6x + 3y + 2z - 6 = 0$, P_4 liegt in E.

11. a) $e_1 = 6$ b) $\mathfrak{r}_1' = \mathfrak{r}_1 - 6\mathfrak{n}^\circ = \begin{pmatrix} 3 \\ 5 \\ 8 \end{pmatrix}$

Seite 114

12. $|e| = |-6|$, $\mathfrak{r}_1' = \mathfrak{r}_1 + 6\mathfrak{n}^\circ = \begin{pmatrix} -\frac{3}{5} \\ \frac{29}{5} \end{pmatrix}$

13. $S(3/5) \Rightarrow h_1 = \frac{6}{\sqrt{17}}$, $h_2 = (-)\frac{3}{\sqrt{5}}$, $h_3 = \frac{6}{\sqrt{29}}$

14. $\overline{P_1P_2} = 2{,}5 \Rightarrow F = 3{,}75 \Rightarrow V = \frac{z_4 \cdot F}{3} = 5\,\text{VE}$

15. a) $\mathfrak{n}^\circ\mathfrak{r} = \mathfrak{n}^\circ\mathfrak{r}_1 \Rightarrow \mathfrak{n}^\circ\mathfrak{r}_2 - \mathfrak{n}^\circ\mathfrak{r}_1 = \pm(\mathfrak{n}^\circ\mathfrak{r}_3 - \mathfrak{n}^\circ\mathfrak{r}_1) \Rightarrow 8x + 7y - 19 = 0$

$16x + 3y + 17 = 0$

b) $x - 6y + 59 = 0$, $13x - 2y - 69 = 0$

16. Winkelhalbierende berechnen. Dazu benötigt man den Schnittpunkt von g_1 und g_2 und $\mathfrak{u}_w = \mathfrak{u}_1^\circ \pm \mathfrak{u}_2^\circ$. w_1: $39x + 27y + 150 = 0$ und w_2: $9x - 13y - 100 = 0$.

$\mathfrak{r}_3 = \begin{pmatrix} -\frac{25}{11} \\ -\frac{25}{11} \end{pmatrix}$ bei $|e| = \frac{20}{11}$ und $\mathfrak{r}_4 = \begin{pmatrix} -25 \\ -25 \end{pmatrix}$ bei $|e| = 30$

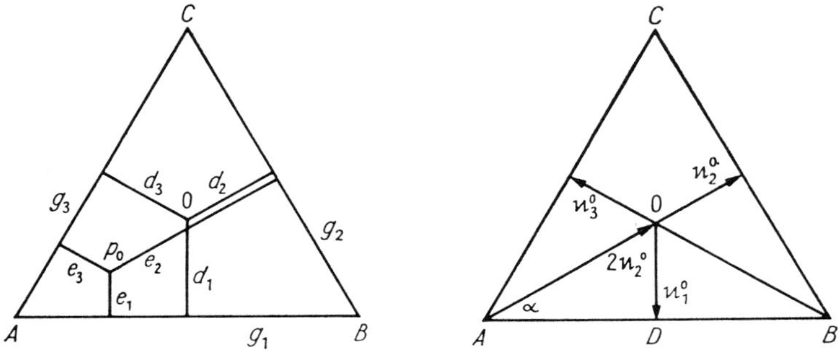

a) Bild 50.1 b)

17. $\overrightarrow{AD} = \overrightarrow{DB} \Rightarrow 2\mathfrak{n}_2^\circ + \mathfrak{n}_1^\circ = -\mathfrak{n}_1^\circ - 2\mathfrak{n}_3^\circ \Rightarrow \mathfrak{n}_1^\circ + \mathfrak{n}_2^\circ + \mathfrak{n}_3^\circ = \mathfrak{o}\,(\mathrm{I})$ (Bild 50.1 a)

$$\left.\begin{aligned} \mathfrak{n}_1^\circ\mathfrak{r}_0 - \mathfrak{d}_1 &= \mathfrak{e}_1 \\ \mathfrak{n}_2^\circ\mathfrak{r}_0 - \mathfrak{d}_2 &= \mathfrak{e}_2 \\ \mathfrak{n}_3^\circ\mathfrak{r}_0 - \mathfrak{d}_3 &= \mathfrak{e}_3 \end{aligned}\right\} + \quad \text{(Bild 50.1b)}$$

$\mathfrak{o}\mathfrak{r}_0 - (\mathfrak{d}_1 + \mathfrak{d}_2 + \mathfrak{d}_3) = \mathfrak{e}_1 + \mathfrak{e}_2 + \mathfrak{e}_3 \Rightarrow -3 \cdot \frac{1}{3}\mathfrak{h} = \mathfrak{e}_1 + \mathfrak{e}_2 + \mathfrak{e}_3$, wobei alle $\mathfrak{e}_\nu \leqq 0. \Rightarrow \mathfrak{h} = |\mathfrak{e}_1| + |\mathfrak{e}_2| + |\mathfrak{e}_3|$

Der Satz gilt auch dann, wenn P_0 außerhalb des Dreiecks liegt. Nur Vorzeichen beachten!

6.4. Schnitte von Geraden und Ebenen

Seite 119

1. a) $P_1(6/-3/1)$, $\alpha = 23{,}35^\circ$ **b)** $P_1(33/-9/7)$, $\alpha = 5{,}68^\circ$

2. a) $\mathfrak{r}' = \begin{pmatrix} -9 \\ 12 \\ 3 \end{pmatrix} + \lambda' \begin{pmatrix} 4 \\ -2 \\ -5 \end{pmatrix}$ **b)** $\mathfrak{r}' = \begin{pmatrix} 0 \\ -2 \\ -3 \end{pmatrix} + \mu' \begin{pmatrix} 1 \\ 0 \\ 3 \end{pmatrix}$

3. a) $3y - 4z = 12$, $2x + 3y = 12$, $x - 22 = 6$, $P_1(6/0/0)$, $P_2(0/4/0)$, $P_3(0/0/-3)$

b) $-7x + 4y = 112$, $-7x - 8z = 112$, $y - 2z = 28$, $P_1(-16/0/0)$, $P_2(0/28/0)$, $P_3(0/0/-14)$

c) $x - 5y = -1$, $x - 3z = -1$, $-5y - 3z = -1$, $P_1(-1/0/0)$, $P_2\left(0\Big/\frac{1}{5}\Big/0\right)$, $P_3\left(0\Big/0\Big/\frac{1}{3}\right)$

4. a) $S(4/4/5)$ **b)** $S\left(4\Big/1\Big/\frac{3}{2}\right)$

5. a) $\mathfrak{r}' = \begin{pmatrix} \frac{1}{2} \\ -\frac{23}{4} \\ -\frac{9}{4} \end{pmatrix} + \mu' \begin{pmatrix} 6 \\ 3 \\ 11 \end{pmatrix}$

b) $P_{01}\left(\frac{19}{11}\Big/\frac{113}{22}\Big/0\right)$, $P_{02}\left(12\Big/0\Big/\frac{113}{6}\right)$, $P_{03}\left(0\Big/-6\Big/-\frac{19}{6}\right)$

6. a) $S(-8/1)$

Seite 120

b) $S(-6/2)$ **c)** $S(0/5)$

7. a) $S\left(\frac{3}{5}\Big/\frac{3}{10}\Big/-\frac{3}{2}\right)$ **b)** $S\left(4\frac{11}{15}\Big/2\frac{13}{15}\Big/\frac{2}{3}\right)$

8. a) $S(3/-13/4)$ **b)** $6x-2y+3z-56=0 \Rightarrow d=8$ **c)** $\mathfrak{u}=-\mathfrak{n} \Rightarrow g \perp E$

9. a) $S(5/-3)$, $\alpha=67{,}3°$ **b)** $g_1 \parallel g_2$ **c)** $S(2/3)$, $g_1 \perp g_2$

10. a) $S(4/1)$, $\alpha=18{,}55°$ **b)** $S(-4/-14)$, $\alpha=4°$

11. a) $\begin{pmatrix}4\\-3\end{pmatrix}\mathfrak{r}+5=0$ **b)** $\begin{pmatrix}3\\4\end{pmatrix}\mathfrak{r}-15=0$

12. $E_1\colon \begin{pmatrix}2\\1\\1\end{pmatrix}\mathfrak{r}-4=0$, $E_2\colon \begin{pmatrix}5\\4\\2\end{pmatrix}\mathfrak{r}-6=0 \Rightarrow \mathfrak{r}'=\begin{pmatrix}1\\-1{,}5\\3{,}5\end{pmatrix}+\mu'\begin{pmatrix}1\\-0{,}5\\-1{,}5\end{pmatrix}$, $\alpha=13{,}35°$

Seite 121

13. a) $\alpha=30{,}9°$, $\mathfrak{r}'=\begin{pmatrix}1\\-\frac{7}{4}\\\frac{3}{2}\end{pmatrix}+\mu'\begin{pmatrix}1\\-\frac{3}{2}\\0\end{pmatrix}$

b) $E_2 \parallel$ y-Achse, $\mathfrak{r}'=\begin{pmatrix}0\\-1\\-2\end{pmatrix}+\mu'\begin{pmatrix}-1\\-2\\-1\end{pmatrix}$, $E_1 \perp E_2$

14. $E\colon \begin{pmatrix}1\\-2\\1\end{pmatrix}\mathfrak{r}-4=0$, $P_0(3/1/3)$, $e=|\mathfrak{r}_0-\mathfrak{r}_1|=\sqrt{3}$

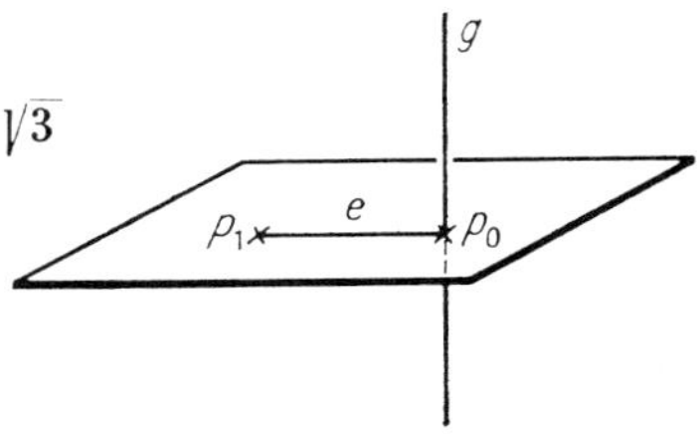

Bild 51.1

15. $E_1\colon \begin{pmatrix}2\\6\\-5\end{pmatrix}\mathfrak{r}=0$, P_1 sei der Schnittpunkt von E_1 mit A_1B, P_2 sei der Schnittpunkt von E_1 mit A_1C: $P_1(1{,}5/2/3)$, $P_2(0/2{,}5/3)$; $e=|\mathfrak{r}_2-\mathfrak{r}_1|=\sqrt{2{,}5}$ LE $=1{,}58$ LE

16. a) $\mathfrak{r}_s=\begin{pmatrix}1\\1\\1\end{pmatrix}$ **b)** Die Probe mit dem errechneten $\lambda_s=2$ zeigt, daß es kein zugehöriges μ_s gibt. Die Geraden schneiden sich nicht.

6.5. Vermischte Aufgaben

1. a) $H = 2$ LE **b)** $P_0'\left(\frac{4}{3}\Big/\frac{4}{3}\Big/\frac{2}{3}\right)$ **c)** $\begin{pmatrix}2\\1\end{pmatrix}\mathfrak{r} - 4 = 0$ **d)** $\beta = 63{,}43°$

e) $\mathfrak{r} = \begin{pmatrix}2\\1\\0\end{pmatrix} + \lambda\begin{pmatrix}-\frac{1}{2}\sqrt{2}-\frac{1}{5}\sqrt{5}\\ \frac{1}{2}\sqrt{2}\\ \frac{2}{5}\sqrt{5}\end{pmatrix}$ (Rhombus der Richtungsvektoren!)

f) $\mathfrak{r}_5 = \begin{pmatrix}2\\2\\-2\end{pmatrix}$ **g)** $\alpha = 116{,}57°$, $\beta = 90°$, $\gamma = 26{,}57°$ (Richtungskosinus)

2. a) $\frac{x}{17} + \frac{y}{\frac{17}{2}} + \frac{z}{\frac{17}{2}} = 1$

b) $\alpha = 45°$ **c)** $P_4(1/4/4)$ **d)** $\begin{pmatrix}1\\2\\2\end{pmatrix}\mathfrak{r} - 14 = 0$ **e)** $e = 1$

Seite 122

3. a) Parallelogramm **b)** $x + y + z - 17 = 0$ **c)** $P_5(4/7/6)$ **d)** $P_0\left(0\Big/10\frac{1}{3}\Big/6\frac{2}{3}\right)$

e) $y - 5z + 23 = 0$ **f)** $x + y - 17 = 0$ **g)** $P_8(14/4/-1)$

4. $n_x^\circ x + n_y^\circ y = \mathfrak{n}^\circ \mathfrak{r}_0 = 5n_x^\circ + 2n_y^\circ \Rightarrow 5n_x^\circ + 7n_y^\circ - 5n_x^\circ - 2n_y^\circ =$
$\pm(-3n_x^\circ + n_y^\circ - 5n_x^\circ - 2n_y^\circ)$;
$n_x^{\circ 2} + n_y^{\circ 2} = 1 \Rightarrow g_1\colon \begin{pmatrix}3\\-4\end{pmatrix}\mathfrak{r} - 7 = 0$, $g_2\colon \begin{pmatrix}1\\2\end{pmatrix}\mathfrak{r} - 9 = 0$

5. $c_1 = 5$, $c_2 = -1$ **6.** $P_0(4/6)$, $e = 5$; $P_0'(64/36)$, $e' = 65$

7. $w\colon \mathfrak{r} = \begin{pmatrix}2\\1\\2\end{pmatrix} + \lambda\begin{pmatrix}22\\19\\5\end{pmatrix}$, $P_4\left(\frac{19}{4}\Big/\frac{27}{8}\Big/\frac{21}{8}\right)$, $\frac{|\mathfrak{r}_4 - \mathfrak{r}_3|}{|\mathfrak{r}_4 - \mathfrak{r}_2|} = \frac{|\mathfrak{r}_3 - \mathfrak{r}_1|}{|\mathfrak{r}_2 - \mathfrak{r}_1|} = \frac{5}{3}$

8. a) $z_0 = \pm 5 \Rightarrow P_{01}\left(\frac{17}{4}\Big/1\Big/5\right)$, $P_{02}\left(\frac{47}{4}\Big/1\Big/-5\right)$

b) $\mathfrak{r}_s = \begin{pmatrix}8\\1\\0\end{pmatrix}$, $\mathfrak{r}_{3/4} = \mathfrak{r}_s \pm 5\mathfrak{u}^\circ \Rightarrow \mathfrak{r}_3 = \begin{pmatrix}5\\1\\4\end{pmatrix}$, $\mathfrak{r}_4 = \begin{pmatrix}11\\1\\-4\end{pmatrix}$

9. a) $h = \frac{2}{5}$ **b)** $\overline{P_1P_2} = 5 \Rightarrow F = 1$ FE **c)** $V = \frac{1}{3}F \cdot H = \frac{1}{3}\cdot 1 \cdot 6$ VE $= 2$ VE

10. **a)** $d = 2$, $S\left(\frac{4}{3}\Big/-\frac{4}{3}\Big/\frac{2}{3}\right)$ **b)** $P_0(4{,}8/2{,}6/1{,}6)$, $\varphi = 21{,}74°$

c) $\mathfrak{r}_1' = \mathfrak{r}_1 - 2e\mathfrak{n}°$, $e = -\frac{4}{3} \Rightarrow \mathfrak{r}_1' = \begin{pmatrix} 3\frac{7}{9} \\ -\frac{7}{9} \\ \frac{8}{9} \end{pmatrix}$

d) Für diese Punkte gilt: $\mathfrak{r}_3\mathfrak{n}° - d = \pm e$ und $\mathfrak{r}_3 = \mathfrak{r}_1 + \lambda_3\mathfrak{u}$. Einsetzen!
$P_3(9/5/4)$, $P_3'\left(\frac{3}{5}\Big/\frac{1}{5}\Big/-\frac{4}{5}\right)$

7. Das Vektorprodukt

7.1. Einführung und Herleitung

Seite 128

1. $|(\lambda\mathfrak{a}) \times \mathfrak{b}| = (\lambda a)b\sin(\lambda\mathfrak{a};\mathfrak{b}) = a(\lambda b)\sin(\mathfrak{a},\lambda\mathfrak{b}) = |\mathfrak{a} \times (\lambda\mathfrak{b})| = \lambda(ab)\sin(\mathfrak{a};\mathfrak{b})$
$= |\lambda(\mathfrak{a} \times \mathfrak{b})$
Richtung und Orientierung der Vektoren $(\lambda\mathfrak{a}) \times \mathfrak{b}$, $\mathfrak{a} \times (\lambda\mathfrak{b})$, $\lambda(\mathfrak{a} \times \mathfrak{b})$ sind ebenfalls gleich.

2. $\mathfrak{i} \times \mathfrak{j} = \mathfrak{k}$, $\mathfrak{j} \times \mathfrak{i} = -\mathfrak{k}$, $\mathfrak{i} \times \mathfrak{i} = \mathfrak{j} \times \mathfrak{j} = \mathfrak{k} \times \mathfrak{k} = \mathfrak{o}$.
$\mathfrak{i} \times \mathfrak{k} = -\mathfrak{j}$, $\mathfrak{k} \times \mathfrak{i} = \mathfrak{j}$, $\mathfrak{j} \times \mathfrak{k} = \mathfrak{i}$, $\mathfrak{k} \times \mathfrak{j} = -\mathfrak{i}$

3. $(\mathfrak{i} \times \mathfrak{j}) \times \mathfrak{i} = \mathfrak{j}$, $(\mathfrak{j} \times \mathfrak{k}) \times \mathfrak{k} = -\mathfrak{j}$, $(\mathfrak{i} \times \mathfrak{k}) \times \mathfrak{j} = \mathfrak{o}$

4. $|\mathfrak{a} \times \mathfrak{b}| = 3 \cdot 4 \cdot \sin 60° = 6\sqrt{3}$ **5.** $F = \frac{1}{2}|\mathfrak{b} \times \mathfrak{c}|$

6.

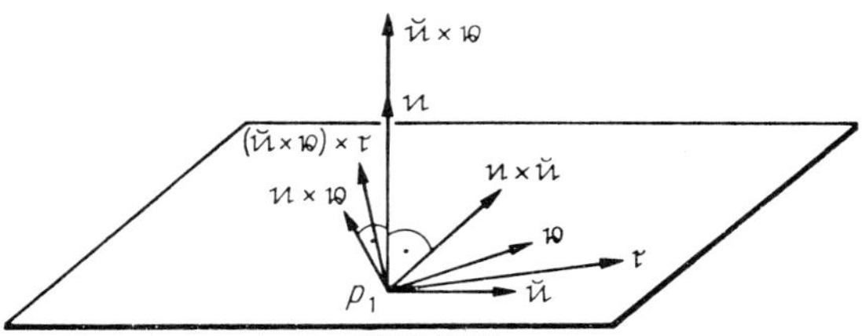

Bild 53.1

7. $\mathfrak{a} \times \mathfrak{b} = \mathfrak{o} \Leftrightarrow$ 1) $\mathfrak{a} = \lambda\mathfrak{b}$ oder 2) $\mathfrak{a} = \mathfrak{o}$ oder 3) $\mathfrak{b} = \mathfrak{o}$

8.

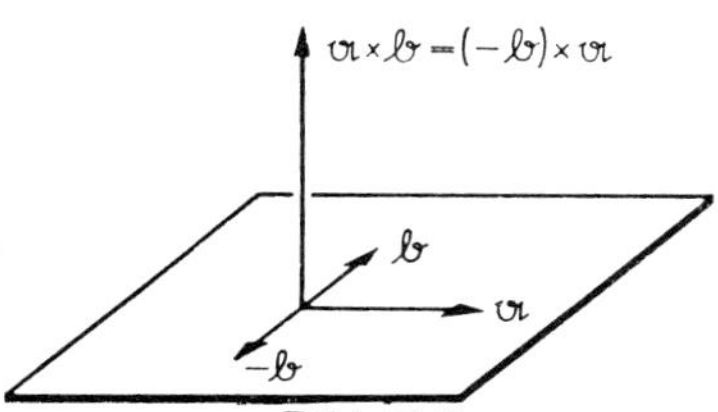

Bild 53.2

9. **a)** $(\mathfrak{a}\mathfrak{b})^2 + |\mathfrak{a} \times \mathfrak{b}|^2 = a^2b^2\cos^2\alpha + {}$
$+ a^2b^2\sin^2\alpha = a^2b^2$

b) $\frac{\mathfrak{a} \times \mathfrak{b}}{\mathfrak{a}\mathfrak{b}} = \frac{ab\sin\alpha}{ab\cos\alpha}(\mathfrak{a} \times \mathfrak{b})°$
$= \tan\alpha(\mathfrak{a} \times \mathfrak{b})°$

10. $(\mathfrak{a} \times \mathfrak{b})^2 = a^2b^2\sin^2\alpha = a^2b^2(1 - \cos^2\alpha) = a^2b^2 - a^2b^2\cos^2\alpha = a^2b^2 - (\mathfrak{a}\mathfrak{b})^2$

11. $\sin\alpha = \frac{\mathfrak{a} \times \mathfrak{b}}{ab}$, $\cos\alpha = \frac{\mathfrak{a}\mathfrak{b}}{ab}$, $\tan\alpha = \frac{\mathfrak{a} \times \mathfrak{b}}{\mathfrak{a}\mathfrak{b}}$, $\cot\alpha = \frac{\mathfrak{a}\mathfrak{b}}{|\mathfrak{a} \times \mathfrak{b}|}$

7.2. Besonderheiten des Vektorproduktes

Seite 131

1. **a)** $\mathfrak{a} \times \mathfrak{b} \neq \mathfrak{b} \times \mathfrak{a}$ **b)** $\mathfrak{a} \times (\mathfrak{b} \cdot \mathfrak{c})$ ist nicht definiert, da $\mathfrak{b} \cdot \mathfrak{c}$ eine Zahl ist.
c) $-2\,\mathfrak{a} \times \mathfrak{c} \neq -2\,\mathfrak{c} \times \mathfrak{a}$ **d)** $\mathfrak{a} \times \mathfrak{a} \neq \mathfrak{a} \cdot \mathfrak{a} = \mathfrak{a}^2$ **e)** Klammer falsch
f) $\mathfrak{a} \times \mathfrak{b} + \mathfrak{c} \times \mathfrak{a} = \mathfrak{a} \times (\mathfrak{b} - \mathfrak{c})$ **g)** $\mathfrak{a} \times \mathfrak{a} = \mathfrak{o} \neq \mathfrak{a} \cdot \mathfrak{a} = \mathfrak{a}^2$
h) $(\mathfrak{a} + \mathfrak{b}) \times (\mathfrak{a} + \mathfrak{b}) = \mathfrak{a} \times \mathfrak{a} + \mathfrak{a} \times \mathfrak{b} + \mathfrak{b} \times \mathfrak{a} + \mathfrak{b} \times \mathfrak{b} = \mathfrak{o}$ **i)** Klammer falsch.

2. $(\mathfrak{b} \times \mathfrak{a}) + (\mathfrak{a} \times \mathfrak{c}) + (\mathfrak{c} \times \mathfrak{b}) + (\mathfrak{b} - \mathfrak{a}) \times (\mathfrak{c} - \mathfrak{a}) =$
$(\mathfrak{b} \times \mathfrak{a}) + (\mathfrak{a} \times \mathfrak{c}) + (\mathfrak{c} \times \mathfrak{b}) - (\mathfrak{c} \times \mathfrak{b}) - (\mathfrak{b} \times \mathfrak{a}) - (\mathfrak{a} \times \mathfrak{c}) + \mathfrak{o} = \mathfrak{o}$

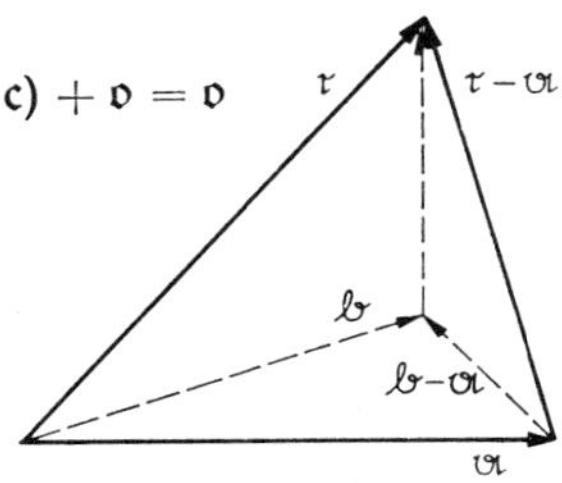

Bild 54.1

3. $(\mathfrak{a} \times \mathfrak{b}) \cdot \mathfrak{c}$ ist eine Zahl.
$(\mathfrak{a} \times \mathfrak{b}) \cdot \mathfrak{c} = 0 \Leftrightarrow$ 1) $\mathfrak{a} \times \mathfrak{b} = \mathfrak{o}$, wobei
a) $\mathfrak{a} = \mathfrak{o}$ oder
b) $\mathfrak{b} = \mathfrak{o}$ oder
c) $\mathfrak{a} = \lambda\mathfrak{b}$ sein kann; oder
2) $\mathfrak{c} = \mathfrak{o}$ oder
3) $(\mathfrak{a} \times \mathfrak{b}) \perp \mathfrak{c}$, also $\mathfrak{a}, \mathfrak{b}, \mathfrak{c}$ komplanar

4. **a)** $(2\mathfrak{a} + \mathfrak{b}) \times (\mathfrak{a} - 2\mathfrak{b}) = 7(\mathfrak{b} \times \mathfrak{a})$
b) $(2\mathfrak{a} - \mathfrak{b}) \times (2\mathfrak{a} - \mathfrak{b}) = \mathfrak{o}$ **c)** $\mathfrak{o}$

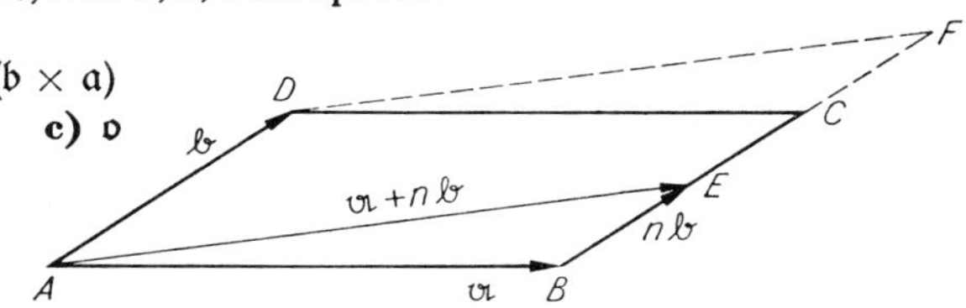

Bild 54.2

Seite 132

5.* $(\mathfrak{a} + n\mathfrak{b}) \times \mathfrak{b} = \mathfrak{a} \times \mathfrak{b}$
Die Parallelogramme ABCD und AEFD sind flächengleich (Scherung parallel zu $\mathfrak{b}$).

6. nicht definiert **7.** $(\mathfrak{a} \times \mathfrak{b}) \times \mathfrak{c}$ ist dann gleich $\mathfrak{o}$, ebenso $(\mathfrak{a} \times \mathfrak{b}) \times \mathfrak{c} = \mathfrak{o}$

8. **a)** $\alpha = 29{,}9°$; $\gamma = 94{,}2°$, $\beta = 55{,}9°$. $F = 7{,}48\ \text{cm}^2$
b) Ansatz: $\mathfrak{a} = \mathfrak{c} - \mathfrak{b} \mid \times \mathfrak{a} \Rightarrow \gamma_1 = 117{,}8°$; $\gamma_2 = 62{,}2°$; $\alpha_1 = 72{,}8°$; $\alpha_2 = 17{,}2°$
$a_1 = 5{,}4$ cm, $a_2 = 1{,}67$ cm, $F_1 = 9{,}56\ \text{cm}^2$, $F_2 = 2{,}95\ \text{cm}^2$.
c) $\beta = 25°$; $\mathfrak{a} = \mathfrak{c} + \mathfrak{b}, \times \mathfrak{a} \Rightarrow c = 10{,}04$ cm, $a = 4{,}84$ cm, $F = 10{,}28\ \text{cm}^2$

9. Nur die erste Gruppeneigenschaft gilt.

7.3. Das Vektorprodukt in Koordinatendarstellung

Seite 133

1. **a)** $\mathfrak{a} \times \mathfrak{b} = \begin{pmatrix} 2 \\ -4 \\ 1 \end{pmatrix}, \mathfrak{a}\mathfrak{b} = 2$ **b)** $\mathfrak{a} \times \mathfrak{b} = \begin{pmatrix} 0 \\ 0 \\ -1 \end{pmatrix}, \mathfrak{a}\mathfrak{b} = 2$

c) $\mathfrak{a} \times \mathfrak{b} = \begin{pmatrix} \frac{17}{2} \\ 2 \\ -\frac{5}{4} \end{pmatrix}, \mathfrak{a}\mathfrak{b} = -\frac{29}{4}$

---

* In Aufgabe 5 der ersten Auflage muß es statt $n\mathfrak{b}$ heißen: $n\mathfrak{b}$.

2. a) $F = 8{,}44$ FE b) $F = 3{,}08$ FE c) $F = 1{,}016$ FE

3. a) $\alpha = 70{,}55°$ b) $\alpha = 149°$ Über Vektorprodukt ist Winkelberechnung nicht eindeutig.

4. $2F_1 = 18$ FE, $2F_2 = 6{,}25$ FE, $2F_3 = 10{,}43$ FE $\Rightarrow O = 34{,}68$ FE

5. $F = 5{,}83$ FE; $h_c = \frac{2F}{|\mathfrak{r}_B - \mathfrak{r}_A|} = 1{,}667$ LE; $h_b = \frac{2F}{|\mathfrak{r}_C - \mathfrak{r}_A|} = 2{,}33$ LE

6. $F_1 = 3{,}74$ FE, $F_2 = 2{,}69$ FE, $F_3 = 1{,}658$ FE, $F_4 = 1{,}059$ FE, $F_5 = 1{,}059$ FE $\Rightarrow$ $O = 10{,}206$ FE

7. Zeichnungen und Ansatz wie Aufg. 7 in 5.7 $|\mathfrak{a}° \times \mathfrak{b}°| = \sin(\mathfrak{a}°, \mathfrak{b}°) = \sin(\alpha - \beta)$ $\mathfrak{a}° \times \mathfrak{b}° = \cos\alpha \sin\beta\, \mathfrak{k} - \sin\alpha \cos\beta\, \mathfrak{k} = (\cos\alpha \sin\beta - \sin\alpha \cos\beta)\, \mathfrak{k} \Rightarrow$ $-\sin(\alpha - \beta) = \cos\alpha \sin\beta - \sin\alpha \cos\beta$, da $\mathfrak{a}° \times \mathfrak{b}° = -[\sin(\alpha - \beta)]\, \mathfrak{k}$. Analog erhält man aus Zeichnung 2: $\mathfrak{a}° \times \mathfrak{b}° = -[\sin(\alpha + \beta)]\, \mathfrak{k}$ und $\mathfrak{a}° \times \mathfrak{b}° = -(\cos\alpha \sin\beta + \sin\alpha \cos\beta)\, \mathfrak{k} \Rightarrow \sin(\alpha + \beta) = \sin\alpha \cos\beta + \cos\alpha \sin\beta$.

7.4. Das Spatprodukt

7.4.3. Das Volumen eines Vierflachs

Seite 136

1. a) Linkssystem b) Rechtssystem c) $\mathfrak{a}, \mathfrak{b}, \mathfrak{c}$ sind komplanar

Seite 137

2. a) $V = 8$ VE b) $V = 16$ VE 3. $V = \frac{1}{2}$ VE

4. a) $V = \frac{1}{6}|[\mathfrak{r}_1 - \mathfrak{r}_4,\ \mathfrak{r}_2 - \mathfrak{r}_1,\ \mathfrak{r}_s - \mathfrak{r}_1]| + \frac{1}{6}|[\mathfrak{r}_3 - \mathfrak{r}_2,\ \mathfrak{r}_4 - \mathfrak{r}_3,\ \mathfrak{r}_s - \mathfrak{r}_3]| = \frac{80}{3}$ VE

   b) $V = \frac{1}{6}[|[\mathfrak{r}_3 \mathfrak{r}_2 \mathfrak{r}_s]| + |[\mathfrak{r}_4 \mathfrak{r}_3 \mathfrak{r}_s]| + |[\mathfrak{r}_5 \mathfrak{r}_4 \mathfrak{r}_s]|] \Rightarrow$

   $V = \frac{1}{6}(8 + 32 + 24)$ VE $= \frac{32}{3}$ VE

5. $\mathfrak{a}x + \mathfrak{b}y + \mathfrak{c}z = \mathfrak{d} \Rightarrow (\mathfrak{a} \times \mathfrak{b})y + (\mathfrak{a} \times \mathfrak{c})z = \mathfrak{a} \times \mathfrak{d} \Rightarrow [\mathfrak{a}\mathfrak{b}\mathfrak{c}]y = [\mathfrak{a}\mathfrak{d}\mathfrak{c}] \Rightarrow$

   $y = \frac{[\mathfrak{a}\mathfrak{d}\mathfrak{c}]}{[\mathfrak{a}\mathfrak{b}\mathfrak{c}]}$. Analog erhält man aus $(\mathfrak{a} \times \mathfrak{b})y + (\mathfrak{a} \times \mathfrak{c})z = \mathfrak{a} \times \mathfrak{d}$:

   $[\mathfrak{a}\mathfrak{c}\mathfrak{b}]z = [\mathfrak{a}\mathfrak{d}\mathfrak{b}] \Rightarrow z = \frac{[\mathfrak{a}\mathfrak{b}\mathfrak{d}]}{[\mathfrak{a}\mathfrak{b}\mathfrak{c}]}$

6. a) $[\mathfrak{o}\mathfrak{b}\mathfrak{c}] = 0$, da $V = 0$. b) $[\mathfrak{i}\mathfrak{j}\mathfrak{k}] = 1$, da Würfel mit $a = 1$.
   c) $[\mathfrak{a}\mathfrak{b}\mathfrak{c}] = -[\mathfrak{b}\mathfrak{a}\mathfrak{c}]$ d) $(\mathfrak{a} \times \mathfrak{b})\mathfrak{c} = \mathfrak{a}(\mathfrak{b} \times \mathfrak{c}) = (\mathfrak{b} \times \mathfrak{c})\mathfrak{a}$
   e) $\lambda[\mathfrak{a}\mathfrak{b}\mathfrak{c}] = \lambda(\mathfrak{a} \times \mathfrak{b}) \cdot \mathfrak{c} = (\mathfrak{a} \times \mathfrak{b}) \cdot \lambda\mathfrak{c} = [\mathfrak{a}\mathfrak{b}\,\lambda\mathfrak{c}]$
   f) $[\mathfrak{a}\mathfrak{b}\mathfrak{c}] + [\mathfrak{d}\mathfrak{b}\mathfrak{c}] = \{(\mathfrak{a} \times \mathfrak{b}) + (\mathfrak{d} \times \mathfrak{b})\}\mathfrak{c} = \{(\mathfrak{a} + \mathfrak{d}) \times \mathfrak{b}\}\mathfrak{c} = [\mathfrak{a} + \mathfrak{d}, \mathfrak{b}, \mathfrak{c}]$
   g) $\{(\mathfrak{a} + \lambda\mathfrak{b}) \times \mathfrak{b}\}\mathfrak{c} = \{\mathfrak{a} \times \mathfrak{b}) + \mathfrak{o}\}\mathfrak{c} = \{\mathfrak{a} \times \mathfrak{b}\}\mathfrak{c} = [\mathfrak{a}\mathfrak{b}\mathfrak{c}]$

7. $\begin{vmatrix} 1 & 2 & \lambda \\ 1 & 0 & -\lambda \\ 1 & 1 & -\lambda \end{vmatrix} = 6 \Rightarrow \lambda = 3$

7.5. Vermischte Aufgaben

1. $(\mathfrak{a}+\mathfrak{b}) \times (\mathfrak{a}-\mathfrak{b}) = -(\mathfrak{a}\times\mathfrak{b}) + (\mathfrak{b}\times\mathfrak{a}) = 2(\mathfrak{b}\times\mathfrak{a})$. Die Fläche eines Parallelogramms ist halb so groß wie die Fläche des Parallelogramms aus seinen Diagonalen.

2. $\lambda_1 = \frac{[\mathfrak{r}_1\mathfrak{b}\mathfrak{c}]}{[\mathfrak{a}\mathfrak{b}\mathfrak{c}]}, \mu_1 = \frac{[\mathfrak{a}\mathfrak{r}_1\mathfrak{c}]}{[\mathfrak{a}\mathfrak{b}\mathfrak{c}]}, \nu_1 = \frac{[\mathfrak{a}\mathfrak{b}\mathfrak{r}_1]}{[\mathfrak{a}\mathfrak{b}\mathfrak{c}]}$

Seite 138

3. $\mathfrak{a}x + \mathfrak{b}y = \mathfrak{d} \mid \times \mathfrak{b} \Rightarrow (\mathfrak{a}\times\mathfrak{b})x = (\mathfrak{d}\times\mathfrak{b}) \mid \cdot \mathfrak{k} \Rightarrow \begin{vmatrix} a_x & b_x \\ a_y & b_y \end{vmatrix} x = \begin{vmatrix} d_x & b_x \\ d_y & b_y \end{vmatrix} \Rightarrow x = \frac{D_x}{D}$

und $\mathfrak{a}x + \mathfrak{b}y = \mathfrak{d} \mid \mathfrak{a}\times \Rightarrow y(\mathfrak{a}\times\mathfrak{b}) = \mathfrak{a}\times\mathfrak{d} \mid \cdot \mathfrak{k} \Rightarrow y = \frac{D_y}{D}$

4. $F = \frac{|\mathfrak{a}\times\mathfrak{b}|}{2} = \frac{ab\sin(\mathfrak{a};\mathfrak{b})}{2} = \frac{a^2\sqrt{3}}{4}$ FE 5. $[\mathfrak{a}\mathfrak{b}\mathfrak{c}] = 6 \Rightarrow \mathfrak{a}, \mathfrak{b}, \mathfrak{c}$ sind nicht komplanar

6. $F = \frac{1}{2}|\mathfrak{r}_2 - \mathfrak{r}_1) \times (\mathfrak{r}_3 - \mathfrak{r}_1)|$ ausmultiplizieren. $P_1P_2P_3$ liegen auf einer Geraden.

7. a) $F = \frac{1}{2}|\mathfrak{a}\times\mathfrak{b}| \Rightarrow F^2 = \frac{1}{4}|\mathfrak{a}\times\mathfrak{b}|^2 = \frac{1}{4}(\mathfrak{a}\times\mathfrak{b})^2$

   b) $F^2 = \frac{1}{4}(\mathfrak{a}\times\mathfrak{b})^2 = \frac{1}{4}\{a^2b^2(1-\cos^2\alpha)\} = \frac{1}{4}\{\mathfrak{a}^2\mathfrak{b}^2 - (\mathfrak{a}\mathfrak{b})^2\}$

8. $\frac{\mathfrak{a}\times\mathfrak{b}}{\mathfrak{a}\mathfrak{b}} = \tan(\mathfrak{a};\mathfrak{b})\cdot(\mathfrak{a}\times\mathfrak{b})^\circ$; $\mathfrak{a} = \mathfrak{b} \Rightarrow \frac{\mathfrak{a}\times\mathfrak{a}}{\mathfrak{a}^2} = \mathfrak{o}$; $\mathfrak{a} \perp \mathfrak{b} \Rightarrow \mathfrak{a}\mathfrak{b} = 0 \Rightarrow$

   $\frac{\mathfrak{a}\times\mathfrak{b}}{\mathfrak{a}\mathfrak{b}}$ ist nicht definiert.

8. Analytische Geometrie III
Determinantenformen der Geraden- und Ebenengleichung

8.1. Geraden- und Ebenengleichung in der Determinantenform

8.1.2. Die Punktrichtungsgleichung der Ebene in der Determinantenform

Seite 141

1. a) $\begin{vmatrix} x-1 & 2 \\ y-2 & -3 \end{vmatrix} = 0$ b) $\begin{vmatrix} \mathfrak{i} & x-2 & 1 \\ \mathfrak{j} & y-1 & -1 \\ \mathfrak{k} & z+1 & 1 \end{vmatrix} = \mathfrak{o} \Rightarrow -x-y+3=0,$

   $x-z-3=0, y+z=0$

   c) $\begin{vmatrix} \mathfrak{i} & x & 0 \\ \mathfrak{j} & y-3 & 2 \\ \mathfrak{k} & z-1 & 1 \end{vmatrix} = \mathfrak{o} \Rightarrow y-2z-1=0,\ x=0,\ x=0$

2. $\begin{vmatrix} x-1 & -1 \\ y & 2 \end{vmatrix} = 0,\ \begin{pmatrix} 2 \\ 1 \end{pmatrix} \mathfrak{r} - 2 = 0,\ \frac{x}{1} + \frac{y}{2} = 1$

3. a) $\begin{vmatrix} x-2 & 1 \\ y-1 & 0 \end{vmatrix} = 0 \Rightarrow y - 1 = 0$ b) $\begin{vmatrix} \mathfrak{i} & x-2 & 1 \\ \mathfrak{j} & y-1 & 0 \\ \mathfrak{k} & z-1 & 1 \end{vmatrix} = \mathfrak{o} \Rightarrow y - 1 = 0,$

$x - z - 1 = 0,\ y - 1 = 0$

Seite 142

4. a) $\begin{vmatrix} x-1 & 1 & 2 \\ y-1 & 0 & 1 \\ z-2 & 1 & 1 \end{vmatrix} = 0 \Rightarrow \begin{pmatrix} -1 \\ 1 \\ 1 \end{pmatrix} \mathfrak{r} - 2 = 0$ b) $\begin{vmatrix} x & 1 & 2 \\ y & 1 & 0 \\ z & 1 & 1 \end{vmatrix} = 0 \Rightarrow \begin{pmatrix} 1 \\ 1 \\ -2 \end{pmatrix} \mathfrak{r} = 0$

c) $\begin{vmatrix} x-1 & 1 & 0 \\ y-2 & -1 & -2 \\ z-1 & -2 & 0 \end{vmatrix} = 0 \Rightarrow \begin{pmatrix} -2 \\ 0 \\ -1 \end{pmatrix} \mathfrak{r} + 3 = 0$

5. Die Lösung ist unendlich vieldeutig, da P_2 auf g liegt.

6. a) $\begin{vmatrix} x-2 & 1 \\ y-2 & 3 \end{vmatrix} = 0 \Rightarrow \begin{pmatrix} 3 \\ -1 \end{pmatrix} \mathfrak{r} - 4 = 0$ b) $\begin{vmatrix} x-2 & 2 \\ y-2 & 1 \end{vmatrix} = 0 \Rightarrow \begin{pmatrix} 1 \\ -2 \end{pmatrix} \mathfrak{r} + 2 = 0$

7. a) in einer Ebene b) nicht in einer Ebene

8. a) $\begin{pmatrix} -1 \\ -1 \\ 2 \end{pmatrix} \mathfrak{r} - 1 = 0$ b) $\begin{pmatrix} 1 \\ -4 \\ 7 \end{pmatrix} \mathfrak{r} - 7 = 0$

9. $S(1/2/1)$; $\begin{vmatrix} \mathfrak{i} & x-1 & 0 \\ \mathfrak{j} & y-2 & 2 \\ \mathfrak{k} & z-1 & -1 \end{vmatrix} = \mathfrak{o}$, wobei $\mathfrak{u} = \mathfrak{u}_1 \times \mathfrak{u}_2$.

10. a) $\begin{pmatrix} -2 \\ -3 \\ 4 \end{pmatrix} \mathfrak{r} - 1 = 0 \Rightarrow d = \frac{1}{29}\sqrt{29}$ b) $\begin{pmatrix} -6 \\ 2 \\ -3 \end{pmatrix} \mathfrak{r} + 56 = 0 \Rightarrow d = 8$

11. a) $(\mathfrak{r}_2 - \mathfrak{r}_1) \times (\mathfrak{r}_3 - \mathfrak{r}_1) \neq \mathfrak{o} \Rightarrow P_1, P_2, P_3$ liegen nicht auf einer Geraden.
b) P_1, P_2, P_3 liegen nicht auf einer Geraden.

Seite 143

12. a) $\begin{vmatrix} \mathfrak{i} & x-2 & 1 \\ \mathfrak{j} & y-2 & 3 \\ \mathfrak{k} & z-1 & 1 \end{vmatrix} = \mathfrak{o}$ b) $\begin{vmatrix} \mathfrak{i} & x-1 & -1 \\ \mathfrak{j} & y & 1 \\ \mathfrak{k} & z-3 & -1 \end{vmatrix} = \mathfrak{o}$ c) $\begin{vmatrix} \mathfrak{i} & x & 1 \\ \mathfrak{j} & y+1 & 2 \\ \mathfrak{k} & z-1 & 2 \end{vmatrix} = \mathfrak{o}$

b) und c) durch Probieren.

8.2. Abstände von einer Geraden im Raum

8.2.1. Abstand eines Punktes von einer Geraden im Raum

Seite 146

1. a) $e = \frac{10}{3}$ **b)** $e = 6$ **c)** $\mathfrak{n} = \begin{pmatrix} 3 \\ 4 \\ 0 \end{pmatrix} \Rightarrow \mathfrak{u} = \begin{pmatrix} -4 \\ 3 \\ 0 \end{pmatrix}$, $P_1(1/1/0) \Rightarrow e = 5\sqrt{2}$

2. a) $h_c = \frac{10}{3}\sqrt{2}$ **b)** $A(1/0/2)$, $C(2/1/1) \Rightarrow h_c = \frac{1}{3}\sqrt{26}$

3. $a \perp b \Rightarrow a = h_b = 2\sqrt{2}$ und $b = h_a = 3\sqrt{3}$, $h_c = \sqrt{\frac{216}{35}} = \frac{6}{35}\sqrt{210}$

4. $h_a = \sqrt{5}$, $h_d = \sqrt{5}$ **5.** $\mathfrak{r}_s = \begin{pmatrix} 1 \\ 2 \\ 2 \end{pmatrix} \Rightarrow e_s = \frac{2}{3}\sqrt{6}$

6. $E: \begin{pmatrix} -1 \\ -2 \\ -2 \end{pmatrix}\mathfrak{r} + 1 = 0$, $P_4(-1/3/-2)$, $-x - 2y + 1 = 0 \Rightarrow e_4 = \frac{6}{5}\sqrt{5}$

8.2.2. Abstand zweier Geraden im Raum

Seite 148

1. $E: -x + y + 4 = 0 \Rightarrow e = \frac{5}{2}\sqrt{2}$

2. a) $e = 3$, nicht parallel **b)** $g_1 = g_2$ **c)** g_1 schneidet g_2 in $P_1 = P_2$
d) $g_1 \parallel g_2$, $e = 3$ **e)** g_1 schneidet g_2 in $S(1/1/1)$. **f)** $e = 1$, nicht parallel
g) $g_1 = g_2$ **h)** $g_1 \parallel g_2$, $e = 5$ **i)** g_1 schneidet g_2 in $S(1/2/3)$.
j) g_1 schneidet g_2 in $P_2(1/1/1)$.

Seite 149

3. a) $e = 1$ **b)** $h = 1$
c) Der Abstand e ist gleich der Höhe h des Spates, da die Grund- und Deckflächenebene durch die Richtungsvektoren der Geraden aufgespannt werden.

8.3. Vermischte Aufgaben

1. a) $[\mathfrak{a}\mathfrak{b}\mathfrak{c}] = -9$ **b)** $F = |\mathfrak{a} \times \mathfrak{c}| = 3\sqrt{105}$, $e = \frac{3}{105}\sqrt{105} \Rightarrow V = F \cdot e = 9$
c) $d = \frac{39}{105}\sqrt{105}$

2. a) $\frac{1}{6}[\mathfrak{a}\mathfrak{b}\mathfrak{c}] = -6$ **b)** $F = \frac{1}{2}|\mathfrak{a} \times \mathfrak{b}| = 6\sqrt{5}$, $h = e = \frac{3}{5}\sqrt{5} \Rightarrow V = \frac{1}{3}F \cdot h = 6$

3. a) $\begin{pmatrix} a \\ a \\ a \end{pmatrix}\mathfrak{r} - 3a^2 = 0$ **b)** $\begin{pmatrix} 1 \\ -1 \\ 1 \end{pmatrix}\mathfrak{r} - \frac{3}{2}a = 0 \Rightarrow d = \frac{a}{2}\sqrt{3}$

Seite 150

4. $\begin{pmatrix}-2\\11\\10\end{pmatrix}\mathfrak{r}-3=0\,,\quad \begin{pmatrix}2\\-11\\-10\end{pmatrix}\mathfrak{r}-9=0,\ e=d_1+d_2=\frac{1}{5}+\frac{3}{5}=\frac{4}{5}$

5. $\frac{x}{6}+\frac{y}{2}+\frac{z}{3}=1\Rightarrow V=\frac{1}{6}\begin{vmatrix}6&0&0\\0&2&0\\0&0&3\end{vmatrix}=6$

6. a) $e_4=14$ b) $P_4'(2/-1/3)$ c) $\varphi=31{,}01°$ 7. $P_1'(5/-1/0)$, $e_1=2\sqrt{6}$

8. a) $[\mathfrak{r}_2-\mathfrak{r}_1,\mathfrak{r}_3-\mathfrak{r}_1,\mathfrak{r}_4-\mathfrak{r}_1]=0$ b) $\mathfrak{r}_2-\mathfrak{r}_1=\mathfrak{r}_3-\mathfrak{r}_4$ und $|\mathfrak{r}_2-\mathfrak{r}_1|=|\mathfrak{r}_4-\mathfrak{r}_1|$
c) $F=|(\mathfrak{r}_2-\mathfrak{r}_1)\times(\mathfrak{r}_3-\mathfrak{r}_1)|=2\sqrt{5}$ d) $V=3$ e) $\alpha=47{,}3°$

9. Kreis und Kugel

9.1. Die Gleichung von Kreis und Kugel

Seite 154

1. a) $\left[\mathfrak{r}-\begin{pmatrix}2\\8\end{pmatrix}\right]^2=81$ b) $\left[\mathfrak{r}-\begin{pmatrix}0{,}5\\3\end{pmatrix}\right]^2=5$

2. P_1: $\mathfrak{r}_1^2=10<25$ P_1 liegt innerhalb des Kreises
P_2: $\mathfrak{r}_2^2=25$ P_2 liegt auf dem Kreise
P_3: $\mathfrak{r}_3^2=25$ P_3 liegt auf dem Kreise
P_4: $\mathfrak{r}_4^2=32>25$ P_4 liegt außerhalb des Kreises

3. Gleichung der Kugel: $\left[\mathfrak{r}-\begin{pmatrix}2\\-3\\1\end{pmatrix}\right]^2=81$

A: $\left[\mathfrak{r}_A-\begin{pmatrix}2\\-3\\1\end{pmatrix}\right]^2=69<81$ A liegt innerhalb der Kugel

B: $\left[\mathfrak{r}_B-\begin{pmatrix}2\\-3\\1\end{pmatrix}\right]^2=81$ B liegt auf der Kugel

C: $\left[\mathfrak{r}_C-\begin{pmatrix}2\\-3\\1\end{pmatrix}\right]^2=78<81$ C liegt innerhalb der Kugel

4. Gleichung des Kreises: gesuchte Ortsvektoren:

a) $\mathfrak{r}^2=169$ $\mathfrak{r}_1=\begin{pmatrix}13\\0\end{pmatrix},\ \mathfrak{r}_2=\begin{pmatrix}0\\13\end{pmatrix},\ \mathfrak{r}_3=\begin{pmatrix}-13\\0\end{pmatrix},\ \mathfrak{r}_4=\begin{pmatrix}0\\-13\end{pmatrix}$

b) $\mathfrak{r}^2 = 225$ $\qquad \mathfrak{r}_1 = \begin{pmatrix}15\\0\end{pmatrix}, \mathfrak{r}_2 = \begin{pmatrix}0\\15\end{pmatrix}, \mathfrak{r}_3 = \begin{pmatrix}-15\\0\end{pmatrix}, \mathfrak{r}_4 = \begin{pmatrix}0\\-15\end{pmatrix}$

c) $\mathfrak{r}^2 = 289$ $\qquad \mathfrak{r}_1 = \begin{pmatrix}17\\0\end{pmatrix}, \mathfrak{r}_2 = \begin{pmatrix}0\\17\end{pmatrix}, \mathfrak{r}_3 = \begin{pmatrix}-17\\0\end{pmatrix}, \mathfrak{r}_4 = \begin{pmatrix}0\\-17\end{pmatrix}$

5. a) $\left[\mathfrak{r} - \begin{pmatrix}-1\\-3\end{pmatrix}\right]^2 = 58$ $\quad$ **b)** $\left[\mathfrak{r} - \begin{pmatrix}-1\\-3\end{pmatrix}\right]^2 = 58$

6. a) $\left[\mathfrak{r} - \begin{pmatrix}1\\0\\6\end{pmatrix}\right]^2 = 9$ $\quad$ **b)** $\left[\mathfrak{r} - \begin{pmatrix}4\\-2\\5\end{pmatrix}\right]^2 = 9$

7. a) $\left[\mathfrak{r} - \begin{pmatrix}7\\-4\\4\end{pmatrix}\right]^2 = 81$ $\quad$ **b)** $\left[\mathfrak{r} - \begin{pmatrix}3\\4\\-12\end{pmatrix}\right]^2 = 169$ $\quad$ **c)** $\left[\mathfrak{r} - \begin{pmatrix}-6\\-2\\-3\end{pmatrix}\right] = 49$

8. Sechs Kugeln: 1) $\left[\mathfrak{r} - \begin{pmatrix}3\\0\\0\end{pmatrix}\right]^2 = 9$; 2) $\left[\mathfrak{r} - \begin{pmatrix}-3\\0\\0\end{pmatrix}\right]^2 = 9$; 3) $\left[\mathfrak{r} - \begin{pmatrix}0\\3\\0\end{pmatrix}\right]^2 = 9$

4) $\left[\mathfrak{r} - \begin{pmatrix}0\\-3\\0\end{pmatrix}\right]^2 = 9$; 5) $\left[\mathfrak{r} - \begin{pmatrix}0\\0\\3\end{pmatrix}\right]^2 = 9$; 6) $\left[\mathfrak{r} - \begin{pmatrix}0\\0\\-3\end{pmatrix}\right]^2 = 9$

9. a) $\left[\mathfrak{r} - \begin{pmatrix}-1\\4\end{pmatrix}\right]^2 = 36 \Rightarrow$ **M**$(-1/4)$; $\varrho = 6$

b) $\left[\mathfrak{r} - \begin{pmatrix}2\\0\end{pmatrix}\right]^2 = 16 \Rightarrow$ **M**$(2|0)$; $\varrho = 4$

c) $\left[\mathfrak{r} - \begin{pmatrix}1\\-4\\2\end{pmatrix}\right]^2 = 25 \Rightarrow$ **M**$(1/-4/2)$; $\varrho = 5$

d) $\left[\mathfrak{r} - \begin{pmatrix}3\\-2\\0\end{pmatrix}\right]^2 = 9 \Rightarrow$ **M**$(3/-2/0)$; $\varrho = 3$

e) $\left[\mathfrak{r} - \begin{pmatrix}3\\-2\\4\end{pmatrix}\right]^2 = 0 \Rightarrow$ **zum Punkt M**$(3/-2/4)$ **entartete Kugel**

Seite 155

10. a) $\left[\mathfrak{r} - \begin{pmatrix}3\\4\end{pmatrix}\right]^2 = 4$, $\quad$ **Kreis mit M**$(3/4)$ **und** $\varrho = 2$

b) $\left[\mathfrak{r} - \begin{pmatrix}-6\\4\end{pmatrix}\right]^2 = 26$, $\quad$ **Kreis mit M**$(-6/4)$ **und** $\varrho = \sqrt{26}$

c) $\left[\mathfrak{r} - \begin{pmatrix} -1 \\ 3 \end{pmatrix}\right]^2 = -9,$ kein reeller Kreis

d) $\left[\mathfrak{r} - \begin{pmatrix} 5 \\ 3 \end{pmatrix}\right]^2 = 36,$ Kreis mit $M(5/3)$ und $\varrho = 6$

e) $\left[\mathfrak{r} - \begin{pmatrix} 0 \\ 4 \end{pmatrix}\right]^2 = -3,$ kein reeller Kreis

11. Für konzentrische Kreise muß $a_1 = a_2$ und $b_1 = b_2$ sein. Soll es sich um reelle Kreise handeln, muß außerdem $a_1^2 + b_1^2 - 4c_1 > 0$ und $a_2^2 + b_2^2 - 4c_2 > 0$ sein.

12. Die Kugeln durchdringen sich, wenn die Entfernung e ihrer Mittelpunkte kleiner als die Summe und größer als die Differenz der Kugelradien ist.

a) $e = |\mathfrak{r}_{M_1} - \mathfrak{r}_{M_2}| = 13;\ \varrho_1 + \varrho_2 = 11;\ \Rightarrow e > \varrho_1 + \varrho_2,$ keine Durchdringung; kleinster Abstand: $a = e - (\varrho_1 + \varrho_2) = 2.$

b) $e = |\mathfrak{r}_{M_1} - \mathfrak{r}_{M_2}| = 7;\ \varrho_1 + \varrho_2 = 7;\ \Rightarrow$ Berührung von außen.

c) $e = |\mathfrak{r}_{M_1} - \mathfrak{r}_{M_2}| = 9;\ \varrho_1 + \varrho_2 = 12;\ \varrho_1 - \varrho_2 = 4;$
$\Rightarrow \varrho_1 - \varrho_2 < e < \varrho_1 + \varrho_2,$ Durchdringung!

13. **a)** Die Koordinaten x_M, y_M des Kreismittelpunktes erfüllen

(1) $\begin{pmatrix} x_M \\ y_M \end{pmatrix} = \begin{pmatrix} 3 \\ 1 \end{pmatrix} + \lambda_M \begin{pmatrix} 1 \\ -1 \end{pmatrix}$ (M liegt auf g) und

(2) $\begin{pmatrix} -1-x_M \\ -2-y_M \end{pmatrix}^2 = 25$ (P_1 liegt auf K).

λ_M aus (1) eliminieren: (1′) $x_M + y_M = 4.$
Aus (1′) und (2) folgt: $M_1(2/2)$, $M_2(3/1)$.

b) $M_1(-1/11)$, $M_2(4/6)$

14. Für x_M, y_M, ϱ gilt: (1) $\begin{pmatrix} 10-x_M \\ 9-y_M \end{pmatrix}^2 = \varrho^2$ (P_1 liegt auf K);

(2) $\begin{pmatrix} 4-x_M \\ -5-y_M \end{pmatrix}^2 = \varrho^2$ (P_2 liegt auf K);

(3) $\begin{pmatrix} 3 \\ -2 \end{pmatrix}\begin{pmatrix} x_M \\ y_M \end{pmatrix} = 17$ (M liegt auf g).

Aus (1) und (2) ϱ^2 eliminieren, (3) nach x_M auflösen: $x_M = \dfrac{17 + 2y_M}{3}$,

in $\begin{pmatrix} 10-x_M \\ 9-y_M \end{pmatrix}^2 = \begin{pmatrix} 4-x_M \\ -5-y_M \end{pmatrix}$ einsetzen.

Lösung: K: $\left[\mathfrak{r} - \begin{pmatrix} 7 \\ 2 \end{pmatrix}\right]^2 = 58$

15. $\mathfrak{r}_M = \begin{pmatrix} x_M \\ 3 \end{pmatrix}$, da die y-Achse in $P_2(0/3)$ berührt wird. Für x_M, ϱ gilt:

(1) $\begin{pmatrix} -5-x_M \\ 1-3 \end{pmatrix}^2 = \varrho^2$ (P_1 liegt auf K); (2) $\begin{pmatrix} 0-x_M \\ 3-3 \end{pmatrix}^2 = \varrho^2$ (P_2 liegt auf K).

Lösung: K: $\left[\mathfrak{r} - \begin{pmatrix} -2,9 \\ 3 \end{pmatrix}\right]^2 = 2,9^2 = 8,41$

16. a) Wegen $d = 1$ ist $x_M = \pm 1$. Für y_M, ϱ gilt:

(1) $\begin{pmatrix} 5 \pm 1 \\ 2 - y_M \end{pmatrix}^2 = \varrho^2$ (P_1 liegt auf K); (2) $\begin{pmatrix} 1 \pm 1 \\ 6 - y_M \end{pmatrix}^2 = \varrho^2$ (P_2 liegt auf K).

2 Lösungen: K_1: $\left[\mathfrak{r} - \begin{pmatrix} 1 \\ 2 \end{pmatrix}\right]^2 = 16$; K_2: $\left[\mathfrak{r} - \begin{pmatrix} -1 \\ 0 \end{pmatrix}\right]^2 = 40$

b) K_1: $\left[\mathfrak{r} - \begin{pmatrix} 2 \\ 2 \end{pmatrix}\right]^2 = 25$; K_2: $\left[\mathfrak{r} - \begin{pmatrix} -2 \\ -3\frac{1}{3} \end{pmatrix}\right]^2 = \left(8\frac{1}{3}\right)^2 = 69\frac{4}{9}$

17. a) Der Ortsvektor des gesuchten Mittelpunktes erfüllt die Gleichungen zweier Mittelsenkrechten des Dreiecks ABC in der Punkt-Normalenform:

(m_{AB}) $\mathfrak{r}_M \cdot \begin{pmatrix} 6 \\ 8 \end{pmatrix} = \begin{pmatrix} 2 \\ 3 \end{pmatrix}\begin{pmatrix} 6 \\ 8 \end{pmatrix}$; (m_{AC}) $\mathfrak{r}_M \cdot \begin{pmatrix} 1 \\ -7 \end{pmatrix} = \begin{pmatrix} 5,5 \\ 3,5 \end{pmatrix}\begin{pmatrix} 1 \\ -7 \end{pmatrix}$,

$\Rightarrow \mathfrak{r}_M = \begin{pmatrix} 2 \\ 3 \end{pmatrix}$; $\varrho = |\mathfrak{r}_M - \mathfrak{r}_A| = 5 \Rightarrow$ K: $\left[\mathfrak{r} - \begin{pmatrix} 2 \\ 3 \end{pmatrix}\right]^2 = 25$

b) K: $\left[\mathfrak{r} - \begin{pmatrix} -1 \\ 8 \end{pmatrix}\right]^2 = 100$

9.2. Schnittpunkte von Geraden mit Kreisen und Kugeln

Seite 158

1. a) $S_1(6/2)$, $S_2(-6/-2)$ **b)** $S_1(6/3)$, $S_2(-6/-3)$

c) $S_1(0/0)$, $S_2(8/-4)$ **d)** $S_1\left(\frac{3}{2} + \frac{1}{2}\sqrt{17} \middle/ \frac{3}{2} + \frac{1}{2}\sqrt{17}\right) = S_1(3,56/3,56)$

$S_2\left(\frac{3}{2} - \frac{1}{2}\sqrt{17} \middle/ \frac{3}{2} - \frac{1}{2}\sqrt{17}\right) = S_2(-0,56/-0,56)$

2. a) $S_1(5/-3)$, $S_2\left(-\frac{3}{5} \middle/ -5\frac{4}{5}\right)$ **b)** $S_1(3/5)$, $S_2\left(\frac{3}{5} \middle/ \frac{1}{5}\right)$

3. a) $S_1(7/4)$, $S_2(-5/-12)$ **b)** $S_1(4/3)$, $S_2(-4,68/1,76)$

4. a) $S_1\left(\frac{1}{3} \middle/ \frac{2}{3} \middle/ \frac{2}{3}\right)$, $S_2(-1/0/0)$ **b)** $S_1(4/6/2)$, $S_2\left(-8\frac{2}{3} \middle/ -6\frac{2}{3} \middle/ -10\frac{2}{3}\right)$

Seite 159

5. $S_1(0/0)$; $S_2(-8/0)$; $S_3(0/6)$ $l_1 = 8$ LE; $l_2 = 6$ LE

6. a) Schnittpunkte von Gerade und Kugel: $S_1(2/4/4)$, $S_2(-4/2/4)$
Mittelpunkt der Sehne: $M_s(-1/3/4)$
Länge der Sehne: $l = 2 \cdot \sqrt{10}$ LE $\approx 6{,}32$ LE

b) $S_1(5/-14/-2)$, $S_2(-2/5/14)$, $M_s = (1{,}5/-4{,}5/6)$, $l = 3 \cdot \sqrt{74}$ LE $\approx 25{,}81$ LE

7. $S_1(3/5)$, $S_2(-1/1)$

8. Verschiebungsform der Kreisgleichung: (1) $\left[\mathfrak{r} - \begin{pmatrix}0\\0{,}9\end{pmatrix}\right]^2 = 8{,}41$. $\overrightarrow{P_1M} = \begin{pmatrix}-1\\0{,}4\end{pmatrix}$

ist Normalenvektor der Sehne. Daher ist (2) $\begin{pmatrix}-1\\0{,}4\end{pmatrix}\mathfrak{r} = \begin{pmatrix}-1\\0{,}4\end{pmatrix}\begin{pmatrix}1\\0{,}5\end{pmatrix} = -0{,}8$

die Gleichung der Sehne. Aus der Kombination von (1) und (2) ergeben sich die Schnittpunkte der Sehne mit dem Kreis: $S_1(2/3)$ und $S_2(0/-2)$.

9. Aus der Kreisgleichung ergibt sich: $P_1(8/-6)$,

Gleichung der Sekante: $\begin{pmatrix}1\\-2\end{pmatrix}\mathfrak{r} - \begin{pmatrix}1\\-2\end{pmatrix}\begin{pmatrix}8\\-6\end{pmatrix} = 0$ oder $\begin{pmatrix}1\\-2\end{pmatrix}\mathfrak{r} - 20 = 0$

Schnittpunkte: $S_1(8/-6)$, $S_2(0/-10)$

10. Für die Ortsvektoren $\mathfrak{r}_s$ der Schnittpunkte der Geraden mit dem Kreis gilt:

(1) $\mathfrak{r}_s = \mathfrak{r}_1 + \lambda_s\mathfrak{u}$ und (2) $\mathfrak{r}_s^2 = \varrho^2$

Nach Einsetzen von (1) in (2) und Ordnen folgt die Bestimmungsgleichung für λ_s:

$$\lambda_s^2 - 2\,\frac{\mathfrak{r}_1\mathfrak{u}}{\mathfrak{u}^2}\,\lambda_s + \frac{\mathfrak{r}_1^2 - \varrho^2}{\mathfrak{u}^2} = 0 \Rightarrow \lambda_{s_{1,2}} = -\,\frac{\mathfrak{r}_1\mathfrak{u}}{\mathfrak{u}^2} \pm \sqrt{\left(\frac{\mathfrak{r}_1\mathfrak{u}}{\mathfrak{u}^2}\right)^2 + \frac{\varrho^2 - \mathfrak{r}_1^2}{\mathfrak{u}^2}}$$

Im Falle der Berührung ist der Radikand gleich Null, also gilt:

$$\left(\frac{\mathfrak{r}_1\mathfrak{u}}{\mathfrak{u}^2}\right)^2 + \frac{\varrho^2 - \mathfrak{r}_1^2}{\mathfrak{u}^2} = 0 \Rightarrow \varrho^2 = \frac{\mathfrak{r}_1^2\mathfrak{u}^2 - (\mathfrak{r}_1\mathfrak{u})^2}{\mathfrak{u}^2}$$

11. Kugelgleichung: $\left[\mathfrak{r} - \begin{pmatrix}2\\-3\\6\end{pmatrix}\right]^2 = 49$

Alle Punkte, die zugleich auf der Kugel und in der xy-Ebene liegen, haben die z-Koordinate Null. Aus der Kugelgleichung folgt somit als Kreisgleichung:

$(x-2)^2 + (y+3)^2 + 36 = 49 \Rightarrow (x-2)^2 + (y+3)^2 = 13 \Rightarrow M_1(2/-3/0)$;
$\varrho_1 = \sqrt{13} \approx 3{,}606$. Entsprechend folgt:

xz-Ebene: $(x-2)^2 + (z-6)^2 = 40 \Rightarrow M_2(2/0/6)$; $\varrho_2 = 2\sqrt{10} \approx 6{,}324$
yz-Ebene: $(y+3)^2 + (z-6)^2 = 45 \Rightarrow M_3(0/-3/6)$; $\varrho_3 = 3\sqrt{5} \approx 6{,}708$

Schnittpunkte mit den Achsen: $S_1(0/0/0)$; $S_2(4/0/0)$; $S_3(0/-6/0)$; $S_4(0/0/12)$

12. $(\mathfrak{r} - \mathfrak{r}_1) \cdot (\mathfrak{r} - \mathfrak{r}_2) = 0 \Rightarrow \mathfrak{r}^2 - (\mathfrak{r}_1 + \mathfrak{r}_2)\mathfrak{r} + \mathfrak{r}_1 \cdot \mathfrak{r}_2 = 0 \Rightarrow \left(\mathfrak{r} - \frac{\mathfrak{r}_1 + \mathfrak{r}_2}{2}\right)^2$
$= \left(\frac{\mathfrak{r}_1 + \mathfrak{r}_2}{2}\right)^2 - \mathfrak{r}_1\mathfrak{r}_2 \Rightarrow \left(\mathfrak{r} - \frac{\mathfrak{r}_1 + \mathfrak{r}_2}{2}\right)^2 = \left(\frac{\mathfrak{r}_1 - \mathfrak{r}_2}{2}\right)^2 \Rightarrow$
Ortsvektor des Mittelpunktes: $\frac{\mathfrak{r}_1 + \mathfrak{r}_2}{2}$; Radius: $\varrho = \frac{|\mathfrak{r}_1 - \mathfrak{r}_2|}{2} \Rightarrow P_1P_2$ ist ein Durchmesser; die gegebene Gleichung drückt den Satz des Thales aus.

13. Alle Überlegungen der Aufgabe 12 lassen sich auf die Kugel unmittelbar übertragen.

14. Die Mittelsenkrechte von P_1P_2 mit der Gleichung $\begin{pmatrix}1\\3\end{pmatrix}\mathfrak{r} - 1 = 0$ schneidet den Kreis in den gesuchten Punkten $S_1(1/0)$ und $S_2\left(-\frac{4}{5}\Big/\frac{3}{5}\right)$.

15. Kreisgleichung: $\left[\mathfrak{r} - \begin{pmatrix}2\\-3\end{pmatrix}\right]^2 = 25$

a) Schnittpunkte mit g_1: $S_1(-1/1)$; $S_2(5/-7)$
Schnittpunkte mit g_2: $S_3(2/-8)$; $S_4(-1/1)$

b) $e_1 = 0 \qquad e_2 = \frac{1}{2}\sqrt{10} \approx 1{,}581$ **c)** $s_1 = 10 \qquad s_2 = 3 \cdot \sqrt{10} \approx 9{,}426$

d) Gleichungen der Mittelsenkrechten:

(1) $\begin{pmatrix}6\\-8\end{pmatrix}\mathfrak{r} - 36 = 0$ und (2) $\begin{pmatrix}-3\\9\end{pmatrix}\mathfrak{r} + 33 = 0$

Auf beiden Geraden liegt $M(2/-3)$.

16. **a)** $\begin{pmatrix}7\\-1\end{pmatrix}\mathfrak{r} - 25 = 0$

b) Schnittpunkte der Sehne mit dem Kreis: $S_1(4/3)$, $S_2(3/-4)$
Länge der Sehne: $s = 5 \cdot \sqrt{2} \approx 7{,}070$

c) $\alpha = 90°$, $\beta = \gamma = 45°$

9.3. Tangente des Kreises, Tangentialebene der Kugel

Seite 163

1. $P_1(12/4/3)$; Tangentialebene: $\begin{pmatrix}12\\4\\3\end{pmatrix}\mathfrak{r} = 169$

2. **a)** $P_1(2/1/2)$, $P_1'(2/-1/2)$; Tangentialebenen: $\begin{pmatrix}2\\1\\2\end{pmatrix}\mathfrak{r} = 9$, $\begin{pmatrix}2\\-1\\2\end{pmatrix}\mathfrak{r} = 9$

b) $P_1(0|-2|3)$, $P_1'(2|-2|3)$

Tangentialebenen:

$$(1)\quad \begin{pmatrix} 0-1 \\ -2-0 \\ 3-2 \end{pmatrix} \cdot \left[\mathfrak{r} - \begin{pmatrix} 1 \\ 0 \\ 2 \end{pmatrix} \right] = 6 \Rightarrow \begin{pmatrix} -1 \\ -2 \\ 1 \end{pmatrix} \mathfrak{r} = 7$$

$$(2)\quad \begin{pmatrix} 2-1 \\ -2-0 \\ 3-2 \end{pmatrix} \cdot \left[\mathfrak{r} - \begin{pmatrix} 1 \\ 0 \\ 2 \end{pmatrix} \right] = 6 \Rightarrow \begin{pmatrix} 1 \\ -2 \\ 1 \end{pmatrix} \mathfrak{r} = 9$$

Seite 164

3. a) $\begin{pmatrix} 2 \\ 5 \end{pmatrix} \mathfrak{r} = 29, \quad \begin{pmatrix} -2 \\ -5 \end{pmatrix} \mathfrak{r} = 29$ **b)** $\begin{pmatrix} 3\sqrt{3} \\ -3 \end{pmatrix} \mathfrak{r} = 36, \quad \begin{pmatrix} -3\sqrt{3} \\ 3 \end{pmatrix} \mathfrak{r} = 36$

4. Abstand des Punktes M von der Ebene:

$$e = \begin{pmatrix} \frac{1}{3} \\ -\frac{2}{3} \\ \frac{2}{3} \end{pmatrix} \cdot \begin{pmatrix} 5 \\ 1 \\ -1 \end{pmatrix} - \frac{10}{3} = -3 \Rightarrow \text{Kugelgleichung: } \left[\mathfrak{r} - \begin{pmatrix} 5 \\ 1 \\ -1 \end{pmatrix} \right]^2 = 9$$

5. Schnittpunkt des Kreises mit der Geraden: $S_1(2{,}6/1{,}8)$; $S_2(1/-3)$

Tangentengleichungen: $\begin{pmatrix} 2{,}6 \\ 1{,}8 \end{pmatrix} \mathfrak{r} = 10; \quad \begin{pmatrix} 1 \\ -3 \end{pmatrix} \mathfrak{r} = 10$

Schnittpunkt der Tangenten: $S_3\left(5 \Big/ -1\frac{2}{3}\right)$

Schnittwinkel: $\cos\alpha' = \dfrac{\begin{pmatrix} 2{,}6 \\ 1{,}8 \end{pmatrix} \cdot \begin{pmatrix} 1 \\ -3 \end{pmatrix}}{\sqrt{10} \cdot \sqrt{10}} = -0{,}28 \Rightarrow \alpha = 180° - \alpha' = 73°44'$

6. Schnittpunkte von Gerade und Kugel: $S_1 = S_2(-1/4/-2)$. Da es nur einen gemeinsamen Punkt von Gerade und Kugel gibt, ist die Gerade Tangente.

7. a) Die Hessesche Form der Ebenengleichung heißt:

$$\mathfrak{n}^\circ \mathfrak{r} = \varrho \Rightarrow \begin{pmatrix} \frac{3}{\sqrt{29}} \\ -\frac{2}{\sqrt{29}} \\ \frac{4}{\sqrt{29}} \end{pmatrix} \mathfrak{r} = \frac{1}{\sqrt{29}}$$

In der Form $\mathfrak{r}_1 \cdot \mathfrak{r} = \varrho^2$ lautet daher die Ebenengleichung: $\begin{pmatrix} \frac{3}{29} \\ -\frac{2}{29} \\ \frac{4}{29} \end{pmatrix} \mathfrak{r} = \frac{1}{29}$

Also ist $P_1\left(\frac{3}{29} \Big/ -\frac{2}{29} \Big/ \frac{4}{29}\right)$ der Berührungspunkt und $\varrho = \frac{\sqrt{29}}{29}$ der Radius.

b) $P_1(1/0{,}5/-0{,}5) \qquad \varrho = \frac{1}{2}\sqrt{6}$

c) Normalenvektor der Ebene: $\mathfrak{n} = (\mathfrak{r}_1 - \mathfrak{r}_3) \times (\mathfrak{r}_2 - \mathfrak{r}_3) = \begin{pmatrix} 4 \\ -20 \\ 3 \end{pmatrix}$

Ebenengleichung: $\begin{pmatrix} 4 \\ -20 \\ 3 \end{pmatrix} \mathfrak{r} = 4 \Rightarrow$ Hessesche Form: $\begin{pmatrix} \frac{4}{\sqrt{425}} \\ -\frac{20}{\sqrt{425}} \\ \frac{3}{\sqrt{425}} \end{pmatrix} \mathfrak{r} = \frac{4}{\sqrt{425}}$

$P_1\left(\frac{16}{425} \Big/ -\frac{80}{425} \Big/ \frac{12}{425}\right) \qquad \varrho = \frac{4}{85} \cdot \sqrt{17} \approx 0{,}194$

8. Es ist $P_1(10/10)$ der Berührungspunkt. $M[\mathfrak{r}_M]$ hat wegen $\varrho = 10$ von der Geraden den Abstand $e = \pm 10$. Also gilt: (1) $\begin{pmatrix} \frac{4}{5} \\ \frac{3}{5} \end{pmatrix} \cdot \mathfrak{r}_M - 14 = \pm 10$. Ferner liegt P_1 auf dem gesuchten Kreis: (2) $\left[\begin{pmatrix} 10 \\ 10 \end{pmatrix} - \mathfrak{r}_M\right]^2 = 100$. Kombiniert man die Gleichung $\begin{pmatrix} \frac{4}{5} \\ \frac{3}{5} \end{pmatrix} \mathfrak{r}_M - 14 = 10$ mit (2), so erhält man $x_M = 18, y_M = 16$. Kombiniert man die andere Gleichung mit (2), erhält man $x_M = 2$, $y_M = 4$. Die gesuchten Kreisgleichungen sind $\left[\mathfrak{r} - \begin{pmatrix} 18 \\ 16 \end{pmatrix}\right]^2 = 100$ und $\left[\mathfrak{r} - \begin{pmatrix} 2 \\ 4 \end{pmatrix}\right]^2 = 100$.

9. In der Kreisgleichung $\left[\mathfrak{r} - \begin{pmatrix} 1 \\ -3 \end{pmatrix}\right]^2 = \varrho^2$ ist ϱ zu berechnen. Man setzt den Term für den Ortsvektor des Schnittpunktes der Geraden mit dem Kreis $\mathfrak{r}_s = \begin{pmatrix} 3{,}5 \\ 2 \end{pmatrix} \pm \lambda_s \begin{pmatrix} 4 \\ 3 \end{pmatrix}$ in die Kreisgleichung ein und erhält

$\lambda_{s_{1,2}} = -1 \pm \sqrt{1 - \frac{31{,}25 - \varrho^2}{25}}$.

Da die Gerade Tangente ist, muß $\lambda_{s_1} = \lambda_{s_2}$ sein. Der Radikand ist also Null. Es folgt $\varrho = 2{,}5$ und für den Kreis: $\left[\mathfrak{r} - \begin{pmatrix} 1 \\ -3 \end{pmatrix}\right]^2 = 6{,}25$.

10. Die Verschiebungsform der Kreisgleichung lautet: $\left[\mathfrak{r} - \begin{pmatrix} 3 \\ -5 \end{pmatrix}\right]^2 = 100$ mit $\varrho = 10$.

Für die Tangentengleichungen setzt man an: $\begin{pmatrix} 4 \\ -3 \end{pmatrix} \mathfrak{r} = c \Rightarrow \begin{pmatrix} \frac{4}{5} \\ -\frac{3}{5} \end{pmatrix} \mathfrak{r} - \frac{c}{5} = 0.$

Der Kreismittelpunkt hat von den Tangenten den Abstand $|\pm 10|$ LE. Also gilt:

$\begin{pmatrix} \frac{4}{5} \\ -\frac{3}{5} \end{pmatrix} \cdot \begin{pmatrix} 3 \\ -5 \end{pmatrix} - \frac{c}{5} = \pm 10 \Rightarrow c_1 = -23$, $c_2 = 77$. Die Tangentengleichungen lauten: $\begin{pmatrix}4\\-3\end{pmatrix}\mathfrak{r} = -23$ und $\begin{pmatrix}4\\-3\end{pmatrix}\mathfrak{r} = 77.$

11. Die Hessesche Normalenform der gegebenen Geradengleichung lautet:

$$\begin{pmatrix}-\frac{1}{\sqrt{2}}\\ \frac{1}{\sqrt{2}}\end{pmatrix}\mathfrak{r} - \frac{3}{2}\sqrt{2} = 0.$$

Da P_1, P_2 und der Ursprung in der gleichen Halbebene bezüglich der Geraden liegen, hat der Kreismittelpunkt M von der Geraden den Abstand $e = |-\varrho|$.

Es gilt: (1) $\begin{pmatrix}-\frac{1}{\sqrt{2}}\\ \frac{1}{\sqrt{2}}\end{pmatrix}\mathfrak{r}_M - \frac{3}{2}\sqrt{2} = -\varrho$. Ferner liegen P_1 und P_2 auf dem Kreis:

(2) $\left[\begin{pmatrix}-1\\-2\end{pmatrix} - \mathfrak{r}_M\right]^2 = \varrho^2$ und (3) $\left[\begin{pmatrix}3\\2\end{pmatrix} - \mathfrak{r}_M\right]^2 = \varrho^2$. Aus (1), (2) und (3) lassen sich x_M, y_M, ϱ bestimmen.

K: $\left[\mathfrak{r} - \begin{pmatrix}1\\0\end{pmatrix}\right]^2 = 8$

12. Schnittpunkte mit der x-Achse: $S_1(16/0)$, $S_2(0/0)$;
mit der y-Achse: $S_3(0/12)$, $S_4 = S_2(0/0)$

Schnittwinkel mit der x-Achse:

Normalenrichtung: $\mathfrak{r}_M - \mathfrak{r}_1 = \begin{pmatrix}-8\\6\end{pmatrix} \Rightarrow$ Tangentenrichtung: $\mathfrak{u} = \begin{pmatrix}3\\4\end{pmatrix}$

$\Rightarrow \cos\alpha = 0{,}6 \Rightarrow \alpha = 53°8'$

Schnittwinkel mit der y-Achse: $\cos\beta = 0{,}8 \Rightarrow \beta = 36°52'$

13. Die Hessesche Form der Geradengleichung lautet: $\begin{pmatrix}-\frac{4}{5}\\ -\frac{3}{5}\end{pmatrix}\mathfrak{r} - 10 = 0.$ Da e für den Punkt P_1 negativ ist, liegen P_1, der Ursprung und deshalb auch der gesuchte Kreismittelpunkt $M[\mathfrak{r}_M]$ in derselben Halbebene bezüglich der Geraden. Wegen $\varrho = 10$ ist (1) $\begin{pmatrix}-\frac{4}{5}\\ -\frac{3}{5}\end{pmatrix}\mathfrak{r}_M - 10 = -10$. Ferner liegt P_1 auf dem Kreis: (2) $\left[\begin{pmatrix}6\\8\end{pmatrix} - \mathfrak{r}_M\right]^2 = 100$. Aus (1) und (2) findet man $x_{M_1} = 0$, $y_{M_1} = 0$ oder $x_{M_2} = -3\frac{9}{25}$, $y_{M_2} = 4\frac{12}{25}$ und damit die Kreisgleichungen

$$\mathfrak{r}^2 = 100 \text{ oder } \left[\mathfrak{r} - \begin{pmatrix}-3\frac{9}{25}\\ 4\frac{12}{25}\end{pmatrix}\right]^2 = 100.$$

Seite 165

14. Der Schnittpunkt von g_1 und g_2 ist $S(-2/-4)$. Aus den Normaleneinheitsvektoren von g_1 und g_2: $\mathfrak{n}_1^\circ = \begin{pmatrix} \frac{2}{\sqrt{5}} \\ -\frac{1}{\sqrt{5}} \end{pmatrix}$ und $\mathfrak{n}_2^\circ = \begin{pmatrix} \frac{1}{\sqrt{5}} \\ -\frac{2}{\sqrt{5}} \end{pmatrix}$ ermittelt man die Richtungen der Winkelhalbierenden von g_1 und g_2 zu $\mathfrak{u}_1' = \begin{pmatrix} \frac{3}{\sqrt{5}} \\ \frac{-3}{\sqrt{5}} \end{pmatrix} \Rightarrow \mathfrak{u}_1 = \begin{pmatrix} 1 \\ -1 \end{pmatrix}$ und $\mathfrak{u}_2' = \begin{pmatrix} \frac{1}{\sqrt{5}} \\ \frac{1}{\sqrt{5}} \end{pmatrix} \Rightarrow \mathfrak{u}_2 = \begin{pmatrix} 1 \\ 1 \end{pmatrix}$. Die Schnittpunkte der Winkelhalbierenden w_1: $\mathfrak{r} = \begin{pmatrix} -2 \\ -4 \end{pmatrix} + \lambda \begin{pmatrix} 1 \\ -1 \end{pmatrix}$ und w_2: $\mathfrak{r} = \begin{pmatrix} -2 \\ -4 \end{pmatrix} + \mu \begin{pmatrix} 1 \\ 1 \end{pmatrix}$ mit g_3 sind die gesuchten Kreismittelpunkte $M_1\left(-2\frac{5}{6}\Big/-3\frac{1}{6}\right)$ und $M_2(3/1)$. Die Abstände dieser Punkte von g_1 sind die Kreisradien. Die Kreisgleichungen lauten $\left[\mathfrak{r} - \begin{pmatrix} -2\frac{5}{6} \\ -3\frac{1}{6} \end{pmatrix}\right]^2 = 1\frac{1}{4}$ und $\left[\mathfrak{r} - \begin{pmatrix} 3 \\ 1 \end{pmatrix}\right]^2 = 5$.

15. a) Schnittpunkte: $S_1(4/4/3)$; $S_2(-1/2/6)$

Tangentialebenen: E_1: $\begin{pmatrix} 4 \\ 4 \\ 3 \end{pmatrix} \mathfrak{r} = 41$, E_2: $\begin{pmatrix} -1 \\ 2 \\ 6 \end{pmatrix} \mathfrak{r} = 41$

Richtung der Schnittgeraden: $\mathfrak{u}' = \mathfrak{n}_1 \times \mathfrak{n}_2 = \begin{vmatrix} \mathfrak{i} & 4 & -1 \\ \mathfrak{j} & 4 & 2 \\ \mathfrak{k} & 3 & 6 \end{vmatrix} = \begin{pmatrix} 18 \\ -27 \\ 12 \end{pmatrix} \Rightarrow \mathfrak{u} = \begin{pmatrix} 6 \\ -9 \\ 4 \end{pmatrix}$

b) $S_1(7/3/2)$, $S_2(1/5/6)$, E_1: $\begin{pmatrix} 7 \\ 3 \\ 2 \end{pmatrix} \mathfrak{r} = 62$, E_2: $\begin{pmatrix} 1 \\ 5 \\ 6 \end{pmatrix} \mathfrak{r} = 62 \Rightarrow \mathfrak{u} = \begin{pmatrix} 1 \\ -5 \\ 4 \end{pmatrix}$

c) g berührt K. Berührungspunkt: $S(3/5/2)$, E: $\begin{pmatrix} 3 \\ 5 \\ 2 \end{pmatrix} \mathfrak{r} = 38$

d) $S_1(8/-5/4)$, $S_2(4/-8/-5)$, E_1: $\begin{pmatrix} 8 \\ -5 \\ 4 \end{pmatrix} \mathfrak{r} = 105$, E_2: $\begin{pmatrix} 5 \\ -8 \\ -5 \end{pmatrix} \mathfrak{r} = 105$; $\mathfrak{u} = \begin{pmatrix} 57 \\ 56 \\ -44 \end{pmatrix}$

16. Als Kreisgleichung setzt man an: $\left[\mathfrak{r} - \begin{pmatrix} \varrho \\ \varrho \end{pmatrix}\right]^2 = \varrho^2$. P_1 liegt auf dem Kreis: $\left[\begin{pmatrix} 8 \\ 1 \end{pmatrix} - \begin{pmatrix} \varrho \\ \varrho \end{pmatrix}\right]^2 = \varrho^2 \Rightarrow \varrho_1 = 13, \varrho_2 = 5$. Aus $\mathfrak{n} = \begin{pmatrix} 3 \\ -4 \end{pmatrix}$ erhält man den Normalenvektor der Tangenten $\mathfrak{n}' = \begin{pmatrix} 4 \\ 3 \end{pmatrix}$. Hessesche Normalenform der Tangentengleichung: $\begin{pmatrix} \frac{4}{5} \\ \frac{3}{5} \end{pmatrix} \mathfrak{r} - d = 0$. Da der Kreismittelpunkt von der Tangente den Abstand $|e| = \varrho$ hat, erhält man für den Fall $\varrho_1 = 13$: $\begin{pmatrix} \frac{4}{5} \\ \frac{3}{5} \end{pmatrix} \begin{pmatrix} 13 \\ 13 \end{pmatrix} - d = \pm 13$

und daraus $d_1 = 5\frac{1}{5}$, $d_2 = 31\frac{1}{5}$.

Tangentengleichungen: $\begin{pmatrix} \frac{4}{5} \\ \frac{3}{5} \end{pmatrix} \mathfrak{r} - 5\frac{1}{5} = 0$ und $\begin{pmatrix} \frac{4}{5} \\ \frac{3}{5} \end{pmatrix} \mathfrak{r} - 31\frac{1}{5} = 0$

Für den Fall $\varrho_2 = 5$ heißen die Tangentengleichungen $\begin{pmatrix} \frac{4}{5} \\ \frac{3}{5} \end{pmatrix} \mathfrak{r} - 2 = 0$ und $\begin{pmatrix} \frac{4}{5} \\ \frac{3}{5} \end{pmatrix} \mathfrak{r} - 12 = 0$.

17. **a)** Wir bringen die Geradengleichung auf die Form $\mathfrak{r}_1 \cdot \mathfrak{r} = \varrho^2$, also $\begin{pmatrix} 4 \\ 2 \end{pmatrix} \mathfrak{r} = 20$.

Wenn g Tangente ist, muß $P_1(4/2)$ als Berührungspunkt auf dem Kreise liegen. Das ist der Fall.

b) keine Tangente

c) Tangente mit dem Berührungspunkt $P_1(4/1)$.

d) Tangente mit dem Berührungspunkt $P_1(-6/6)$.

18. Aus der Hesseschen Normalenform der Ebenengleichung läßt sich der Abstand der Ebene vom Ursprung und damit der Kugelradius ablesen.

a) $r^2 = \frac{100}{49}$ **b)** $r^2 = 1$ **c)** $r^2 = \frac{100}{9}$ **d)** $r^2 = 9$

9.4. Pol und Polare, Pol und Polarebene

Seite 169

1. Wir bringen alle Gleichungen auf die Form $\mathfrak{r}_0 \cdot \mathfrak{r} = 81$

a) $P_0(9/12)$ **b)** $P_0(-1/3{,}5)$ **c)** $P_0(-27/54)$

2. **a)** $P_0(2/-3/1)$ **b)** $P_0(48/72/-24)$ **c)** $P_0(-32/-24/16)$

5. a) $\mathfrak{t}_1: \begin{pmatrix}1\\2\end{pmatrix}\mathfrak{r} = 5 \quad \mathfrak{t}_2: \begin{pmatrix}-2\\1\end{pmatrix}\mathfrak{r} = 5$ **b)** P_0 ist Berührungspunkt! $\mathfrak{t}: \begin{pmatrix}1\\2\end{pmatrix}\mathfrak{r} = 5$

6. a) $P_1(-2/6) \Rightarrow \begin{pmatrix}-2\\6\end{pmatrix}\mathfrak{r} = 40, \quad P_2(6/2) \Rightarrow \begin{pmatrix}6\\2\end{pmatrix}\mathfrak{r} = 40$

b) $P_1\left(2\frac{4}{5}\Big/4\frac{3}{5}\right) \Rightarrow \begin{pmatrix}2\frac{4}{5}\\4\frac{3}{5}\end{pmatrix}\mathfrak{r} = 29, \quad P_2(2/-5) \Rightarrow \begin{pmatrix}2\\-5\end{pmatrix}\mathfrak{r} = 29$

c) $P_1(-3/5) \Rightarrow \begin{pmatrix}-3\\5\end{pmatrix}\mathfrak{r} = 34, \quad P_2(5/3) \Rightarrow \begin{pmatrix}5\\3\end{pmatrix}\mathfrak{r} = 34$

7. a) Die Polare schneidet den Kreis in $P_1(2/2)$ und $P_2(2/-2)$. Der Winkel zwischen den Tangenten ist gleich dem Winkel zwischen den zugehörigen Normalenrichtungen: $\cos\alpha = \frac{\mathfrak{r}_1 \cdot \mathfrak{r}_2}{|\mathfrak{r}_1| \cdot |\mathfrak{r}_2|} = 0 \Rightarrow \alpha = 90°$.

b) $P_1(6/-8)$; $P_2\left(5\frac{1}{13}\Big/8\frac{8}{13}\right)$; $\cos\alpha = -0{,}3846 \Rightarrow \alpha = 112°37'$ bzw. $\alpha' = 67°23'$

8. Wir formen die gegebene Geradengleichung gemäß Beispiel 3 um:

$$\mathfrak{r} = \begin{pmatrix}2\\1\end{pmatrix} + \lambda\begin{pmatrix}-3\\1\end{pmatrix} \Rightarrow \begin{pmatrix}1\\3\end{pmatrix}\mathfrak{r} = 5 \Rightarrow \begin{pmatrix}1\\3\end{pmatrix}\left[\mathfrak{r} + \begin{pmatrix}3\\1\end{pmatrix}\right] = 11$$

$$\Rightarrow \begin{pmatrix}4\\12\end{pmatrix}\left[\mathfrak{r} + \begin{pmatrix}3\\1\end{pmatrix}\right] = 44 \Rightarrow \left[\begin{pmatrix}1\\11\end{pmatrix} + \begin{pmatrix}3\\1\end{pmatrix}\right] \cdot \left[\mathfrak{r} + \begin{pmatrix}3\\1\end{pmatrix}\right] = 44 \Rightarrow P_0(1/11)$$

9. a) Es gilt: (1) $\mathfrak{r}_A \cdot \mathfrak{r}_B = 36$, (2) $\mathfrak{r}_A \cdot \mathfrak{r}_C = 36$, (3) $\mathfrak{r}_B \cdot \mathfrak{r}_C = 36$
Aus (1) und (2) folgt: B und C liegen auf der Polaren des Poles A.
Aus (1) und (3) folgt: A und C liegen auf der Polaren des Poles B.
Aus (2) und (3) folgt: A und B liegen auf der Polaren des Poles C.

b) Beweis wie in a).

10. a) und **b)**: Beweis wie in 9a).

Seite 170

11. Aus $\mathfrak{r}_1 \cdot \mathfrak{r}_2 = 16$ folgt: $y_2 = 1 \Rightarrow P_2(4/1)$
Aus $\mathfrak{r}_1 \cdot \mathfrak{r}_3 = 16$ und $\mathfrak{r}_2 \cdot \mathfrak{r}_3 = 16$ folgt: $x_3 = 3\frac{9}{13}$, $y_3 = 1\frac{3}{13} \Rightarrow P_3\left(3\frac{9}{13}\Big/1\frac{3}{13}\right)$

12. Nur ein Punkt kann innerhalb von K liegen. Denn die zugehörige Polare (Polarebene) muß dann außerhalb von K verlaufen. Auf ihr liegen aber alle anderen Eckpunkte.

13. a) $S\left(1\frac{1}{4}\Big/1\frac{7}{8}\right)$

b) Ein Punkt P_i der Geraden durch P_1 und P_2 hat den Ortsvektor

$$\mathfrak{r}_i = \begin{pmatrix}5\\10\end{pmatrix} + \lambda_i\begin{pmatrix}3\\-2\end{pmatrix}.$$

Die zugehörige Polare hat also die Gleichung $\left[\begin{pmatrix}5\\10\end{pmatrix} + \lambda_i\begin{pmatrix}3\\-2\end{pmatrix}\right] \cdot \mathfrak{r} = 25.$

Setzt man für $\mathfrak{r}$ den Ortsvektor $\mathfrak{r}_s$ ein, so ist diese Gleichung für jedes λ_i identisch erfüllt.

9.5. Zwei Kreise, zwei Kugeln

Seite 171

1. a) $|\mathfrak{r}_{M_1} - \mathfrak{r}_{M_2}| = 5$, $\varrho_1 = 2$, $\varrho_2 = 1 \Rightarrow |\mathfrak{r}_{M_1} - \mathfrak{r}_{M_2}| > \varrho_1 + \varrho_2$
K_2 liegt außerhalb K_1, keine gemeinsamen Punkte.

b) $|\mathfrak{r}_{M_1} - \mathfrak{r}_{M_2}| = 15$, $\varrho_1 = 3$, $\varrho_2 = 12 \Rightarrow |\mathfrak{r}_{M_1} - \mathfrak{r}_{M_2}| = \varrho_1 + \varrho_2$
K_2 berührt K_1 von außen.

c) $|\mathfrak{r}_{M_1} - \mathfrak{r}_{M_2}| = 13$, $\varrho_1 = 5$, $\varrho_2 = 12 \Rightarrow$
$\varrho_2 - \varrho_1 < |\mathfrak{r}_{M_1} - \mathfrak{r}_{M_2}| < \varrho_1 + \varrho_2$ und $(\mathfrak{r}_{M_1} - \mathfrak{r}_{M_2})^2 = \varrho_1^2 + \varrho_2^2$
K_1 schneidet K_2 rechtwinklig.

d) $|\mathfrak{r}_{M_1} - \mathfrak{r}_{M_2}| = 17$, $\varrho_1 = 7$, $\varrho_2 = 8 \Rightarrow |\mathfrak{r}_{M_1} - \mathfrak{r}_{M_2}| > \varrho_1 + \varrho_2$
K_2 liegt außerhalb K_1, keine gemeinsamen Punkte.

Seite 172

2. a) $|\mathfrak{r}_{M_1} - \mathfrak{r}_{M_2}| = 3$, $\varrho_1 = 2$, $\varrho_2 = 1 \Rightarrow |\mathfrak{r}_{M_1} - \mathfrak{r}_{M_2}| = \varrho_1 + \varrho_2$
Die Kugeln berühren sich von außen.

b) $|\mathfrak{r}_{M_1} - \mathfrak{r}_{M_2}| = 7$, $\varrho_1 = \sqrt{15}$, $\varrho_2 = \sqrt{15} \Rightarrow \varrho_1 - \varrho_2 < |\mathfrak{r}_{M_1} - \mathfrak{r}_{M_2}| < \varrho_1 + \varrho_2$
Die Kugeln durchdringen sich.

c) $|\mathfrak{r}_{M_1} - \mathfrak{r}_{M_2}| = 15$, $\varrho_1 = 9$, $\varrho_2 = 5 \Rightarrow |\mathfrak{r}_{M_1} - \mathfrak{r}_{M_2}| > \varrho_1 + \varrho_2$
Die Kugeln durchdringen sich nicht.

d) $|\mathfrak{r}_{M_1} - \mathfrak{r}_{M_2}| = 9$, $\varrho_1 = 5\sqrt{2}$, $\varrho_2 = \sqrt{5} \Rightarrow \varrho_1 - \varrho_2 < |\mathfrak{r}_{M_1} - \mathfrak{r}_{M_2}| < \varrho_1 + \varrho_2$
Die Kugeln durchdringen sich.

3. Die Bedingung $|\mathfrak{r}_M - \mathfrak{r}_{M_1}| = \varrho + \varrho_1$, d. h. $\left|\begin{pmatrix}5\\4\end{pmatrix} - \begin{pmatrix}x_{M_1}\\0\end{pmatrix}\right| = 1 + 4$ führt auf die beiden Lösungen

$$K_1\colon \left[\mathfrak{r} - \begin{pmatrix}2\\0\end{pmatrix}\right]^2 = 16 \qquad K_2\colon \left[\mathfrak{r} - \begin{pmatrix}8\\0\end{pmatrix}\right]^2 = 16$$

4. Aus der Bedingung $|\mathfrak{r}_M - \mathfrak{r}_{M_1}| = \varrho \pm \varrho_1$ folgen die Lösungen

$$K_1\colon \left[\mathfrak{r} - \begin{pmatrix}10\\9\end{pmatrix}\right]^2 = 36 \qquad K_2\colon \left[\mathfrak{r} - \begin{pmatrix}10\\9\end{pmatrix}\right]^2 = 196$$

5. Aus der Bedingung $|\mathfrak{r}_M - \mathfrak{r}_{M_1}| = \varrho \pm \varrho_1$ folgen die Lösungen

$$K_1\colon \left[\mathfrak{r} - \begin{pmatrix}4\\3\\8\end{pmatrix}\right]^2 = 36 \qquad K_2\colon \left[\mathfrak{r} - \begin{pmatrix}4\\3\\8\end{pmatrix}\right]^2 = 64$$

6. a) $|\mathfrak{r}_{M_1} - \mathfrak{r}_{M_2}| = \sqrt{34}$, $\varrho_1 = 2\sqrt{34}$, $\varrho_2 = \sqrt{34} \Rightarrow |\mathfrak{r}_{M_1} - \mathfrak{r}_{M_2}| = \varrho_1 - \varrho_2$
Die Kreise berühren sich von innen. Für den Ortsvektor des Berührungspunktes gilt: $\mathfrak{r}_1 = \mathfrak{r}_{M_1} + \varrho_1 \cdot (\mathfrak{r}_{M_2} - \mathfrak{r}_{M_1})^\circ = \begin{pmatrix}0\\18\end{pmatrix} \Rightarrow P_1(0/18)$.

b) M liegt 1. auf der Mittelsenkrechten durch $0P_1$:

(1) $\begin{pmatrix}0\\1\end{pmatrix}\mathfrak{r} - \begin{pmatrix}0\\1\end{pmatrix}\begin{pmatrix}0\\9\end{pmatrix} = 0 \Rightarrow \begin{pmatrix}0\\1\end{pmatrix}\mathfrak{r} - 9 = 0$

und 2. auf der Geraden durch M_1 und M_2:

(2) $\mathfrak{r} = \begin{pmatrix}-10\\12\end{pmatrix} + \lambda\begin{pmatrix}5\\3\end{pmatrix}$

Aus (1) und (2) folgt:

$$\begin{pmatrix}0\\1\end{pmatrix}\begin{pmatrix}-10\\12\end{pmatrix} + \lambda_s\begin{pmatrix}0\\1\end{pmatrix}\begin{pmatrix}5\\3\end{pmatrix} - 9 = 0 \Rightarrow \lambda_s = -1 \Rightarrow M(-15/9)$$

$\varrho = |\mathfrak{o} - \mathfrak{r}_M| = |\mathfrak{r}_M| = \sqrt{306}$

K: $\left[\mathfrak{r} - \begin{pmatrix}-15\\9\end{pmatrix}\right]^2 = 306$

7. Da der gegebene Kreis im 1. Quadranten liegt, muß auch der gesuchte Kreis dort liegen. Weil er die Koordinatenachsen berührt, gilt $x_M = y_M = \varrho$. Da sich beide Kreise von innen berühren, ist: $|\mathfrak{r}_M - \mathfrak{r}_{M_1}| = \varrho - \varrho_1 \Rightarrow (\varrho - 4)^2 + (\varrho - 3)^2 = (\varrho - 2)^2$. Als Lösungskreise erhält man:

K_1: $\left[\mathfrak{r} - \begin{pmatrix}7\\7\end{pmatrix}\right]^2 = 49$ $\qquad$ K_2: $\left[\mathfrak{r} - \begin{pmatrix}3\\3\end{pmatrix}\right]^2 = 9$

8. Es muß gelten: $\mathfrak{r}_M^2 - \varrho_1^2 + \varrho^2 \Rightarrow 169 = 144 + \varrho^2 \Rightarrow \varrho = 5$

K: $\left[\mathfrak{r} - \begin{pmatrix}12\\5\end{pmatrix}\right]^2 = 25$

9. Es gilt: $(\mathfrak{r}_M - \mathfrak{r}_{M_1})^2 = \varrho_1^2 + \varrho^2 \Rightarrow 225 = 144 + \varrho^2 \Rightarrow \varrho = 9$

K: $\left[\mathfrak{r} - \begin{pmatrix}4\\3\\7\end{pmatrix}\right]^2 = 81$

10. K_2 geht durch P_1 und P_2. Wegen $y_1 = -y_2 = 3$ und $x_1 = x_2 = 0$ gilt für seinen Mittelpunkt: $M_2(x_{M_2}/0)$. Im Falle der Berührung gilt

(1) $|\mathfrak{r}_{M_1} - \mathfrak{r}_{M_2}| = \varrho_1 + \varrho_2 \Rightarrow (4 - x_{M_2})^2 + 9 = (2 + \varrho_2)^2$ oder

(1′) $|\mathfrak{r}_{M_1} - \mathfrak{r}_{M_2}| = |\varrho_1 - \varrho_2| \Rightarrow (4 - x_{M_2})^2 + 9 = (2 - \varrho_2)^2$

Ferner hat P_1 von M_2 die Entfernung ϱ_2:

(2) $x_{M_2}^2 + 9 = \varrho_2^2$

Aus (1) und (2) bzw. aus (1′) und (2) lassen sich die Lösungskreise berechnen:

K_{21}: $\mathfrak{r}^2 = 9$ $\qquad$ K_{22}: $\left[\mathfrak{r} - \begin{pmatrix}4\\0\end{pmatrix}\right]^2 = 25$

11. K_1 hat die Gleichung: $\left[\mathfrak{r} - \begin{pmatrix}1\\3{,}5\end{pmatrix}\right]^2 = 25$. Ferner ist $P_1(-2/7{,}5)$. Da K_1 den Kreis K_2 rechtwinklig schneidet, gilt:

(1) $(\mathfrak{r}_{M_2} - \mathfrak{r}_{M_1})^2 = \varrho_1^2 + \varrho_2^2 \Rightarrow (x_{M_2} - 1)^2 + (y_{M_2} - 3{,}5)^2 = 25 + 56{,}25$

Da P_1 auf K_2 liegt, gilt ferner:

(2) $(\mathfrak{r}_{M_2} - \mathfrak{r}_1)^2 = \varrho_2^2 \Rightarrow (x_{M_2} + 2)^2 + (y_{M_2} - 7{,}5)^2 = 56{,}25$

Aus (1) und (2) folgt schließlich: $\mathfrak{r}_{M_2} = \begin{pmatrix} -8 \\ 3 \end{pmatrix}$. Also ist

$$K_2: \left[\mathfrak{r} - \begin{pmatrix} -8 \\ 3 \end{pmatrix}\right]^2 = 56{,}25$$

Seite 173

12. $|\mathfrak{r}_{M_1} - \mathfrak{r}_{M_2}| = \sqrt{130}$, $\varrho_1 = 2 \cdot \sqrt{10}$

Es gilt: $(\mathfrak{r}_{M_1} - \mathfrak{r}_{M_2})^2 = \varrho_1^2 + \varrho_2^2 \Rightarrow 130 = 40 + \varrho_2^2 \Rightarrow \varrho_2 = 3\sqrt{10}$

$$\Rightarrow K_2: \left[\mathfrak{r} - \begin{pmatrix} 5 \\ -4 \end{pmatrix}\right]^2 = 90$$

13. **a)** $S_1(4/3)$, $S_2(4/-3)$ **b)** $S_1(6/12)$, $S_2(13/5)$

14. Schnittpunkte: $S_1(8/8)$, $S_2(-4/8)$

Der Schnittwinkel ist der Winkel zwischen den Normalenvektoren $\mathfrak{n}_1 = \mathfrak{r}_{S_1} - \mathfrak{r}_{M_1}$ und $\mathfrak{n}_2 = \mathfrak{r}_{S_1} - \mathfrak{r}_{M_2}$ bzw. der zugehörige Komplementwinkel.

$$\mathfrak{n}_1 = \begin{pmatrix} 6 \\ 8 \end{pmatrix}, \mathfrak{n}_2 = \begin{pmatrix} 6 \\ -8 \end{pmatrix} \Rightarrow \cos\alpha = -0{,}28 \Rightarrow \alpha = 106°16'. \text{ bzw. } \alpha' = 73°44'$$

Aus Symmetriegründen ist der Schnittwinkel in S_2 gleich groß.

15. Die umgeformten Gleichungen der gegebenen Kreise lauten:

$$K_1: \left[\mathfrak{r} - \begin{pmatrix} 4 \\ 5 \end{pmatrix}\right]^2 = 49 \text{ und } K_2: \left[\mathfrak{r} - \begin{pmatrix} 1 \\ 2 \end{pmatrix}\right]^2 = 25$$

Ihre Schnittpunkte sind $S_1(4/-2)$ und $S_2(-3/5)$. Der Mittelpunkt M des gesuchten Kreises ist der Schnittpunkt der gegebenen Geraden mit der gemeinsamen Zentrale der Kreise K_1 und K_2: $M(5/6)$

$$\varrho = |\mathfrak{r}_{S_1} - \mathfrak{r}_M| = \sqrt{65} \Rightarrow K: \left[\mathfrak{r} - \begin{pmatrix} 5 \\ 6 \end{pmatrix}\right]^2 = 65$$

16. **a)** Die Gleichungen der gesuchten Tangenten haben die Form $\mathfrak{n}^\circ \cdot \mathfrak{r} - d = 0$. Da die Mittelpunkte der gegebenen Kreise stets auf der gleichen Seite einer äußeren Tangente liegen, muß in bezug auf diese Tangenten entweder gelten $e_1 = \varrho_1$ und $e_2 = \varrho_2$ oder $e_1' = -\varrho_1$ und $e_2' = -\varrho_2$. Es gelten also die Gleichungen

(1) $\mathfrak{n}_1^\circ \cdot \begin{pmatrix} 5 \\ 3 \end{pmatrix} - d_1 = 4$ und (2) $\mathfrak{n}_1^\circ \cdot \begin{pmatrix} 4 \\ 0 \end{pmatrix} - d_1 = 3$ bzw.

(1') $\mathfrak{n}_2^\circ \begin{pmatrix} 5 \\ 3 \end{pmatrix} - d_2 = -4$ und (2') $\mathfrak{n}_2^\circ \begin{pmatrix} 4 \\ 0 \end{pmatrix} - d_2 = -3$

Aus (1) und (2) läßt sich d_1, aus (1') und (2') d_2 eliminieren und wir erhalten:

(3) $\mathfrak{n}_1^\circ \begin{pmatrix} 1 \\ 3 \end{pmatrix} = 1$ bzw. (3') $\mathfrak{n}_2^\circ \cdot \begin{pmatrix} 1 \\ 3 \end{pmatrix} = -1$

Ferner ist

(4) $(\mathfrak{n}_1^\circ)^2 = 1$ und (4′) $(\mathfrak{n}_2^\circ)^2 = 1$

Aus (3) und (4) ergibt sich $\mathfrak{n}_1^\circ = \begin{pmatrix} 1 \\ 0 \end{pmatrix}$, aus (3′) und (4′) entsprechend

$\mathfrak{n}_2^\circ = \begin{pmatrix} \frac{4}{5} \\ -\frac{3}{5} \end{pmatrix}$. Ferner folgt aus (1): $d_1 = 1$ und aus (1′): $d_2 = \frac{31}{5}$

Die Gleichungen der äußeren Tangenten sind:

$t_1\colon \begin{pmatrix} 1 \\ 0 \end{pmatrix} \mathfrak{r} = 1$ und $t_2\colon \begin{pmatrix} 4 \\ -3 \end{pmatrix} \mathfrak{r} = 31$

Um die inneren Tangenten zu bestimmen, faßt man entsprechend die Gleichungen

(4) $\mathfrak{n}_3^\circ \begin{pmatrix} 5 \\ 3 \end{pmatrix} - d_3 = 4$ und (5) $\mathfrak{n}_3^\circ \begin{pmatrix} 4 \\ 0 \end{pmatrix} - d_3 = -3$ bzw.

(4′) $\mathfrak{n}_4^\circ \begin{pmatrix} 5 \\ 3 \end{pmatrix} - d_4 = -4$ und (5′) $\mathfrak{n}_4^\circ \begin{pmatrix} 4 \\ 0 \end{pmatrix} - d_4 = 3$

mit (3) bzw. (3′) zu einem Gleichungssystem zusammen. Die entsprechende Ausrechnung führt auf komplexe Werte. Gemeinsame innere Tangenten sind also nicht vorhanden.

b) Äußere Tangenten: $t_1\colon \begin{pmatrix} 4 \\ -3 \end{pmatrix} \mathfrak{r} = 10$, $t_2\colon \begin{pmatrix} 0 \\ 1 \end{pmatrix} \mathfrak{r} = 2$

Innere Tangenten: $t_3\colon \begin{pmatrix} 3 \\ 4 \end{pmatrix} \mathfrak{r} = 5$, $t_4\colon \begin{pmatrix} 1 \\ 0 \end{pmatrix} \mathfrak{r} = 1$

c) Äußere Tangenten: $t_1\colon \begin{pmatrix} -1 \\ 0 \end{pmatrix} \mathfrak{r} = 2$, $t_2\colon \begin{pmatrix} 0 \\ -1 \end{pmatrix} \mathfrak{r} = 1$

Innere Tangenten sind nicht vorhanden.

17. Es ist $|\mathfrak{r}_{M_1} - \mathfrak{r}_{M_2}| = \varrho_1 - \varrho_2$. Also berühren sich die Kugeln von innen. Der Berührungspunkt liegt auf der gemeinsamen Zentrale und auf beiden Kugeln:

$$P_1\left(2\tfrac{4}{7} \big/ 7\tfrac{5}{7} \big/ -3\tfrac{6}{7}\right) \Rightarrow \text{Tangentialebene E:} \begin{pmatrix} 2\frac{4}{7} \\ 7\frac{5}{7} \\ -3\frac{6}{7} \end{pmatrix} \cdot \mathfrak{r} = 81$$

Schnittpunkte der Tangentialebene mit den Koordinatenachsen: A(31,5/0/0); B(0/10,5/0); C(0/0/–21)

18. Die Gleichung der Ebene, in der der Schnittkreis liegt, lautet: $\begin{pmatrix} 2 \\ 1 \\ 2 \end{pmatrix} \mathfrak{r} = 9$.

Der Schnittkreismittelpunkt ist der Durchstoßungspunkt der gemeinsamen Zentrale beider Kugeln mit der Schnittkreisebene: M(2/1/2).
Ein gemeinsamer Punkt der Schnittkreisebene und der ersten Kugel sei $P_1(0/y_1/z_1)$. Die Koordinaten y_1, z_1 genügen den Gleichungen beider Gebilde.
Es ergibt sich $P_1\left(0\Big/1\frac{4}{5} \mp \frac{4}{5}\sqrt{11}\Big/3\frac{3}{5} \pm \frac{2}{5}\sqrt{11}\right) \Rightarrow P_1(0/-0{,}85/4{,}93)$ oder $P_1'(0/4{,}45/2{,}27)$. $\quad \varrho = |\mathfrak{r}_M - \mathfrak{r}_1| = 4$ (exakter Wert!)

9.6. Vermischte Aufgaben

1. Es ist $\mathfrak{u} = 3$. Daher sind die Ortsvektoren der Kugelmittelpunkte:

a) $$\mathfrak{r}_{M_1} = \mathfrak{r}_B + \mathfrak{u} = \begin{pmatrix} 3 \\ -4 \\ 5 \end{pmatrix} \Rightarrow K_1: \left[\mathfrak{r} - \begin{pmatrix} 3 \\ -4 \\ 5 \end{pmatrix}\right]^2 = 9$$

$$\mathfrak{r}_{M_2} = \mathfrak{r}_B - 2\mathfrak{u} = \begin{pmatrix} 0 \\ 2 \\ -1 \end{pmatrix} \Rightarrow K_2: \left[\mathfrak{r} - \begin{pmatrix} 0 \\ 2 \\ -1 \end{pmatrix}\right]^2 = 36 \text{ oder}$$

b) $$\mathfrak{r}_{M_1'} = \mathfrak{r}_B - \mathfrak{u} = \begin{pmatrix} 1 \\ 0 \\ 1 \end{pmatrix} \Rightarrow K_1': \left[\mathfrak{r} - \begin{pmatrix} 1 \\ 0 \\ 1 \end{pmatrix}\right]^2 = 9$$

$$\mathfrak{r}_{M_2'} = \mathfrak{r}_B + 2\mathfrak{u} = \begin{pmatrix} 4 \\ -6 \\ 7 \end{pmatrix} \Rightarrow K_2': \left[\mathfrak{r} - \begin{pmatrix} 4 \\ -6 \\ 7 \end{pmatrix}\right]^2 = 36$$

2. Schnittpunkte der beiden Kreise: $S_1(6/-8)$ und $S_2(-6/-8)$. Die Entfernung der Schnittpunkte beträgt 12 LE, also ist der Mittelpunkt der Strecke S_1S_2 der Mittelpunkt des gesuchten Kreises. $\Rightarrow K: \left[\mathfrak{r} - \begin{pmatrix} 0 \\ -8 \end{pmatrix}\right]^2 = 36$

Seite 174

3. Es ist $(\mathfrak{r}_M - \mathfrak{r}_{M_1})^2 = 85$. Es muß gelten:

$$(\mathfrak{r}_M - \mathfrak{r}_{M_1})^2 = \varrho^2 + \varrho_1^2 \Rightarrow 85 = \varrho^2 + 36 \Rightarrow \varrho^2 = 49 \Rightarrow K': \left[\mathfrak{r} - \begin{pmatrix} 3 \\ 9 \end{pmatrix}\right]^2 = 49$$

4. Schnittpunkte der Kreise: $S_1(0/-3)$, $S_2(5/2)$

Schnittwinkel: $\cos\alpha = \dfrac{(\mathfrak{r}_1 - \mathfrak{r}_{M_1}) \cdot (\mathfrak{r}_1 - \mathfrak{r}_{M_2})}{\varrho_1 \cdot \varrho_2} = \dfrac{8}{17} \approx 0{,}4706 \Rightarrow \alpha = 61°56'$

5. Wir wählen das Koordinatensystem so, daß der Kugelmittelpunkt im Ursprung liegt. Die Gleichung der Polarebene zu P_0 heißt dann $\mathfrak{r}_0 \cdot \mathfrak{r} = \varrho^2$. Da S auf dieser Polarebene liegt, gilt $\mathfrak{r}_0 \cdot \mathfrak{r}_S = \varrho^2$. Nun sind $\mathfrak{r}_0$ und $\mathfrak{r}_S$ kollinear, also folgt: $r_0 \cdot r_S = \varrho^2 \Rightarrow \varrho = \sqrt{r_0 \cdot r_S}$

6. Es ist $P_1(-4/-6)$. Der Ortsvektor des Kreismittelpunktes ist

$$\mathfrak{r}_M = \mathfrak{r}_1 \pm \varrho \cdot \mathfrak{n}^\circ = \begin{pmatrix} -4 \\ -6 \end{pmatrix} \pm 2{,}5 \begin{pmatrix} \frac{3}{5} \\ -\frac{4}{5} \end{pmatrix} . \Rightarrow \mathfrak{r}_{M_1} = \begin{pmatrix} -2{,}5 \\ -8 \end{pmatrix}, \; \mathfrak{r}_{M_2} = \begin{pmatrix} -5{,}5 \\ -4 \end{pmatrix}$$

$$\Rightarrow K_1\colon \left[\mathfrak{r} - \begin{pmatrix} -2{,}5 \\ -8 \end{pmatrix}\right]^2 = 6{,}25 \qquad K_2\colon \left[\mathfrak{r} - \begin{pmatrix} -5{,}5 \\ -4 \end{pmatrix}\right]^2 = 6{,}25$$

7. Der Kreismittelpunkt ist der Schnittpunkt der Mittelsenkrechten von P_1P_2 mit der gegebenen Geraden: $M(8/-1)$.

$$\Rightarrow K\colon \left[\mathfrak{r} - \begin{pmatrix} 8 \\ -1 \end{pmatrix}\right]^2 = 100$$

8. a) $\mathfrak{n}^\circ \cdot \mathfrak{r} - d = 0 \Rightarrow \begin{pmatrix} \frac{1}{3} \\ \frac{2}{3} \\ -\frac{2}{3} \end{pmatrix} \mathfrak{r} - 6 = 0 \Rightarrow d = 6$

b) $\mathfrak{r}_L \cdot \mathfrak{r} - d^2 = 0 \Rightarrow \begin{pmatrix} 2 \\ 4 \\ -4 \end{pmatrix} \mathfrak{r} - 36 = 0 \Rightarrow L(2/4/-4)$

c) $\begin{pmatrix} \frac{1}{a} \\ \frac{1}{b} \\ \frac{1}{c} \end{pmatrix} \cdot \mathfrak{r} - 1 = 0 \Rightarrow \begin{pmatrix} \frac{1}{18} \\ \frac{1}{9} \\ -\frac{1}{9} \end{pmatrix} \mathfrak{r} - 1 = 0 \Rightarrow a = 18,\; b = 9,\; c = -9$

d) Aus b) folgt: $\mathfrak{r}^2 = 36$, $P_1(2/4/-4) = L$

e) $\mathfrak{r}_{01} \cdot \mathfrak{r} - 1 = 0$, aus c) folgt: $P_{01}\left(\frac{1}{18}\Big/\frac{1}{9}\Big/-\frac{1}{9}\right)$; $P_{02}\left(\frac{1}{2}\Big/1\Big/-1\Big/\right)$; $P_{03}(3/6/-6)$

f) $e_1 = \mathfrak{n}^\circ \cdot \mathfrak{r}_{01} - d = \begin{pmatrix} \frac{1}{3} \\ \frac{2}{3} \\ -\frac{2}{3} \end{pmatrix} \cdot \begin{pmatrix} \frac{1}{18} \\ \frac{1}{9} \\ -\frac{1}{9} \end{pmatrix} - 6 = -5\frac{5}{6}$; $e_2 = -4\frac{1}{2}$; $e_3 = 3$

g) $E_1\colon \begin{pmatrix} 1 \\ 2 \\ -2 \end{pmatrix} \mathfrak{r} = 0 \qquad E_2\colon \begin{pmatrix} 1 \\ 2 \\ -2 \end{pmatrix} \mathfrak{r} = 36$

9. a) Allgemeine Lösung: Der Kugelmittelpunkt muß von der Ebene den Abstand $e = \pm\varrho$ haben.

$$\Rightarrow \mathfrak{n}^\circ \cdot \mathfrak{r}_M - \frac{c}{n} = \pm\varrho \Rightarrow \mathfrak{n}^\circ \mathfrak{r}_M \mp \varrho = \frac{c}{n} \Rightarrow c = \mathfrak{n} \cdot \mathfrak{r}_M \mp n \cdot \varrho$$

b) Zahlenbeispiel: $c_1 = \begin{pmatrix} 1 \\ 2 \\ -2 \end{pmatrix} \cdot \begin{pmatrix} 3 \\ 3 \\ 9 \end{pmatrix} - 3 \cdot 5 = -24 \qquad c_2 = \begin{pmatrix} 1 \\ 2 \\ -2 \end{pmatrix}\begin{pmatrix} 3 \\ 3 \\ 9 \end{pmatrix} + 3 \cdot 5 = 6$

Seite 175

10. Wegen $|\mathfrak{r}_{M_2}| < \varrho_2$ liegt der Ursprung im Innern von K_2. Daher muß gelten:

1.) $\varrho = \varrho_2 - r_{M_2} \Rightarrow \varrho = 7 \Rightarrow K_1: \mathfrak{r}^2 = 49$

2.) $\varrho' = \varrho_2 + r_{M_2} \Rightarrow \varrho' = 21 \Rightarrow K_1': \mathfrak{r}^2 = 441$

Tangentialebenen:

$$E_1: \begin{pmatrix} -3 \\ 2 \\ -6 \end{pmatrix} \mathfrak{r} = 49 \qquad E_2: \begin{pmatrix} 9 \\ -6 \\ 18 \end{pmatrix} \mathfrak{r} = 147$$

11. a) $S_1(3/0/6)$, $\quad S_2\left(\frac{1}{3}\Big/6\frac{2}{3}\Big/\frac{2}{3}\right)$

b) Tangentialebenen: $\quad E_1: \begin{pmatrix} 3 \\ 0 \\ 6 \end{pmatrix} \mathfrak{r} = 45 \qquad E_2: \begin{pmatrix} \frac{1}{3} \\ 6\frac{2}{3} \\ \frac{2}{3} \end{pmatrix} \mathfrak{r} = 45$

Richtungsvektor der Schnittgeraden: $\mathfrak{u} = \mathfrak{n}_1 \times \mathfrak{n}_2 = \begin{pmatrix} -40 \\ 0 \\ 20 \end{pmatrix} \triangleq \begin{pmatrix} -2 \\ 0 \\ 1 \end{pmatrix}$

Für einen Punkt der Schnittgeraden setzen wir an: $P_3(x/y/0)$. Da sein Ortsvektor $\mathfrak{r}_3$ den Gleichungen E_1 und E_2 genügt, folgt schließlich: $P_3(15/6/0)$

Gleichung der Schnittgeraden: $\mathfrak{r} = \begin{pmatrix} 15 \\ 6 \\ 0 \end{pmatrix} + \lambda \begin{pmatrix} -2 \\ 0 \\ 1 \end{pmatrix}$

c) $\cos\alpha = \dfrac{\mathfrak{r}_{S_1} \cdot \mathfrak{r}_{S_2}}{\varrho^2} = \dfrac{5}{45} = \dfrac{1}{9} \approx 0{,}1111 \Rightarrow \alpha = 83°37'$

10. Kegelschnitte

10.1. Die Vektorgleichung des Doppelkegels

Seite 178

1. a) $\left[\mathfrak{r} \cdot \begin{pmatrix} 0 \\ 1 \\ 0 \end{pmatrix}\right]^2 = \frac{3}{4} \mathfrak{r}^2 \qquad$ **b)** $\left[\mathfrak{r} \cdot \begin{pmatrix} \frac{2}{7} \\ \frac{3}{7} \\ -\frac{6}{7} \end{pmatrix}\right]^2 = \frac{1}{4} \mathfrak{r}^2$

2. a) P_1 liegt auf dem Kegel, denn es gilt: $\left[\begin{pmatrix} 6 \\ 10 \\ -8 \end{pmatrix} \cdot \begin{pmatrix} 0 \\ 1 \\ 0 \end{pmatrix}\right]^2 = \frac{1}{2} \begin{pmatrix} 6 \\ 10 \\ -8 \end{pmatrix}^2 = 100$

P_2 liegt auf dem Kegel, denn es gilt: $\left[\begin{pmatrix} 12 \\ 13 \\ 5 \end{pmatrix} \cdot \begin{pmatrix} 0 \\ 1 \\ 0 \end{pmatrix}\right]^2 = \frac{1}{2} \begin{pmatrix} 12 \\ 13 \\ 5 \end{pmatrix}^2 = 169$

b) P_1 **liegt nicht auf dem Kegel, denn es gilt:** $\left[\begin{pmatrix}3\\1\\1\end{pmatrix}\cdot\begin{pmatrix}0\\1\\1\end{pmatrix}\right]^2 = 4 \neq \frac{1}{3}\begin{pmatrix}3\\1\\1\end{pmatrix}^2 = 3\frac{2}{3}$

P_2 **liegt auf dem Kegel, denn es gilt:** $\left[\begin{pmatrix}2\sqrt{2}\\6\\-2\end{pmatrix}\cdot\begin{pmatrix}0\\1\\1\end{pmatrix}\right]^2 = \frac{1}{3}\begin{pmatrix}2\sqrt{2}\\6\\-2\end{pmatrix}^2 = 16$

3. a) $\left[\mathfrak{r}\cdot\begin{pmatrix}1\\0\\0\end{pmatrix} - 4\right]^2 = \frac{1}{2}\cdot\left[\mathfrak{r} - \begin{pmatrix}4\\1\\3\end{pmatrix}\right]^2$ **b)** $\left[\mathfrak{r}\cdot\begin{pmatrix}0\\\frac{3}{5}\\\frac{4}{5}\end{pmatrix}\right]^2 = \frac{3}{4}\cdot\left[\mathfrak{r} - \begin{pmatrix}-2\\0\\0\end{pmatrix}\right]^2$

c) $\left[\mathfrak{r}\cdot\begin{pmatrix}\frac{1}{3}\\\frac{2}{3}\\\frac{2}{3}\end{pmatrix} - 1\right]^2 = \frac{1}{4}\cdot\left[\mathfrak{r} - \begin{pmatrix}1\\1\\0\end{pmatrix}\right]^2$

4. a) Aus $\left[\begin{pmatrix}3\sqrt{2}\\-\sqrt{2}\\2\end{pmatrix}\cdot\begin{pmatrix}\frac{1}{2}\sqrt{2}\\\frac{1}{2}\sqrt{2}\\0\end{pmatrix}\right]^2 = c^2\begin{pmatrix}3\sqrt{2}\\-\sqrt{2}\\2\end{pmatrix}^2$ folgt $c^2 = \frac{1}{6}$.

Kegelgleichung: $\left[\mathfrak{r}\cdot\begin{pmatrix}\frac{1}{2}\sqrt{2}\\\frac{1}{2}\sqrt{2}\\0\end{pmatrix}\right]^2 = \frac{1}{6}\mathfrak{r}^2$

$\cos\omega = \frac{1}{6}\sqrt{6} \approx 0{,}4083 \Rightarrow \omega = 65°54' \Rightarrow 2\omega = 131°48'$

b) Kegelgleichung: $\left[\mathfrak{r}\cdot\begin{pmatrix}\frac{2}{5}\sqrt{5}\\0\\\frac{1}{5}\sqrt{5}\end{pmatrix}\right]^2 = \frac{2}{5}\mathfrak{r}^2$

$\cos\omega = \frac{1}{5}\sqrt{10} \approx 0{,}6324 \Rightarrow \omega = 50°46' \Rightarrow 2\omega = 101°32'$

Seite 179

5. Es ist $c = \cos\omega = \frac{\mathfrak{u}\cdot\mathfrak{a}}{u\cdot a} = \frac{8}{9} \Rightarrow c^2 = \frac{64}{81} \Rightarrow$

K: $\left[\mathfrak{r}\begin{pmatrix}\frac{2}{3}\\\frac{2}{3}\\\frac{1}{3}\end{pmatrix} - \frac{4}{3}\right]^2 = \frac{64}{81}\left[\mathfrak{r} - \begin{pmatrix}-1\\2\\2\end{pmatrix}\right]^2$

$\cos\omega = \frac{8}{9} \approx 0{,}8889 \Rightarrow \omega = 27°16' \Rightarrow 2\omega = 54°32'$

6. Der Schnittpunkt der Geraden ist die Kegelspitze: S(5/3/0).

Für den Öffnungswinkel bestehen zwei Möglichkeiten:

$$\cos 2\omega = \frac{\mathfrak{u}_1 \cdot \mathfrak{u}_2}{\mathfrak{u}_1 \cdot \mathfrak{u}_2} = \frac{0}{9} = 0 \Rightarrow 2\omega_1 = 90^\circ \Rightarrow 2\omega_2 = 180^\circ - 2\omega_1 = 90^\circ$$

Achsenrichtung des Kegels:

$$\mathfrak{e}_1 = (\mathfrak{u}_1^\circ + \mathfrak{u}_2^\circ)^\circ = \begin{pmatrix} -\frac{1}{6}\sqrt{2} \\ \frac{2}{3}\sqrt{2} \\ -\frac{1}{6}\sqrt{2} \end{pmatrix} \qquad \mathfrak{e}_2 = (\mathfrak{u}_1^\circ - \mathfrak{u}_2^\circ)^\circ = \begin{pmatrix} \frac{1}{2}\sqrt{2} \\ 0 \\ -\frac{1}{2}\sqrt{2} \end{pmatrix}$$

Kegelgleichungen: K_1: $$\left[\mathfrak{r}\begin{pmatrix} -\frac{1}{6}\sqrt{2} \\ \frac{2}{3}\sqrt{2} \\ -\frac{1}{6}\sqrt{2} \end{pmatrix} - \frac{7}{6}\cdot\sqrt{2}\right]^2 = \frac{1}{2}\cdot\left[\mathfrak{r} - \begin{pmatrix} 5 \\ 3 \\ 0 \end{pmatrix}\right]^2$$

K_2: $$\left[\mathfrak{r}\cdot\begin{pmatrix} \frac{1}{2}\sqrt{2} \\ 0 \\ -\frac{1}{2}\sqrt{2} \end{pmatrix} - \frac{5}{2}\sqrt{2}\right]^2 = \frac{1}{2}\left[\mathfrak{r} - \begin{pmatrix} 5 \\ 3 \\ 0 \end{pmatrix}\right]^2$$

7. a) Die vereinfachte Geradengleichung lautet: $\mathfrak{r} = \begin{pmatrix} 3 \\ 0 \\ 1 \end{pmatrix} + \lambda\begin{pmatrix} 1 \\ -2 \\ 1 \end{pmatrix}$. Setzt man den Ausdruck für $\mathfrak{r}$ in die Kegelgleichung ein, ergibt sich schließlich:
$\lambda_S^2 - \lambda_S - 2 = 0 \Rightarrow \lambda_{S_1} = 2,\ \lambda_{S_2} = -1$.
Schnittpunkte: $S_1(5/-4/3)$, $S_2(2/2/0)$

b) Schnittpunkte: $S_1(3/0/3)$, $S_2(15/-12/-9)$

8. Setzt man den Ausdruck für $\mathfrak{r}$ aus der Geradengleichung in die Kegelgleichung ein, so erhält man nach Vereinfachen $\lambda_S^2 = 0. \Rightarrow \lambda_{S_1/S_2} = 0$. Berührungspunkt ist S(1/0,8/0,6).

9. a) Setzt man den Ausdruck für $\mathfrak{r}$ in die Kegelgleichung ein, so erhält man:

$$(-10 + 5\lambda_S)^2 = \frac{1}{2}\left[(6 - 3\lambda_S)^2 + (-8 + 4\lambda_S)^2 + (-10 + 5\lambda_S)^2\right]$$

$$\Rightarrow 100 - 100\lambda_S + 25\lambda_S^2 = 100 - 100\lambda_S + 25\lambda_S^2.$$

Die Gleichung ist für jedes λ_S erfüllbar. Die Gerade ist also eine Mantellinie des Kegels.

b) Man erhält zunächst $\lambda_S^2 + 1{,}2\lambda_S + 0{,}4 = 0$. Diese Gleichung hat zwei komplexe Lösungen. Die Gerade ist also Passante des Kegels.

10. a) $(\mathfrak{r}\cdot\mathfrak{e})^2 = 0 \Rightarrow \pm\,\mathfrak{r}\cdot\mathfrak{e} = 0$. Diese Gleichung ist die Hessesche Normalenform der Gleichung der yz-Ebene.

b) Die Gleichung $(\mathfrak{r} \cdot \mathfrak{e})^2 = \mathfrak{r}^2$ wird nur von den Ortsvektoren der Geraden a: $\mathfrak{r} = \lambda \mathfrak{e}$ erfüllt, wie man durch Einsetzen erkennt. Für andere Ortsvektoren $\mathfrak{r}$ ist nämlich $(\mathfrak{r} \cdot \mathfrak{e})^2 = (r \cdot 1 \cdot \cos\gamma)^2 \neq r^2 = \mathfrak{r}^2$.

11. Für die Ortsvektoren $\mathfrak{r}_S$ der gemeinsamen Punkte von Kegel und Ebene gilt $(\mathfrak{r}_S \cdot \mathfrak{e})^2 = c^2 \mathfrak{r}_S^2$ und $\mathfrak{r}_S^2 = \varrho^2$. Setzt man den Ausdruck für $\mathfrak{r}_S$ in die erste Gleichung ein, so folgt $(\mathfrak{r}_S \cdot \mathfrak{e})^2 = c^2 \cdot \varrho^2$. Die Gleichung $(\mathfrak{r} \cdot \mathfrak{e})^2 = c^2 \varrho^2$ stellt das Ebenenpaar $E_{1/2}: \mathfrak{r} \cdot \mathfrak{e} = \pm c \cdot \varrho$ dar, das die beiden Schnittkreise von Kegel und Kugel enthält.

12. Entsprechend Aufgabe 11 gilt $(\mathfrak{r}_S\mathfrak{e} - \mathfrak{s}\mathfrak{e})^2 = c^2(\mathfrak{r}_S - \mathfrak{s})^2$ und $(\mathfrak{r}_S - \mathfrak{s})^2 = \varrho^2$.
$\Rightarrow (\mathfrak{r}_S\mathfrak{e} - \mathfrak{s}\mathfrak{e})^2 = c^2\varrho^2$
Die Gleichung $(\mathfrak{r}\mathfrak{e} - \mathfrak{s}\mathfrak{e})^2 = c^2\varrho^2$ stellt das Ebenenpaar $E_{1/2}: \mathfrak{r}\mathfrak{e} = \mathfrak{s}\mathfrak{e} \pm c\varrho$ dar, das die beiden Schnittkreise von Kegel und Kugel enthält.

13. Für die gemeinsamen Punkte von Kegel und Ebene gilt:

$$\left[\mathfrak{r}_S \begin{pmatrix} 0{,}6 \\ 0{,}8 \\ 0 \end{pmatrix}\right]^2 = \frac{1}{4}\mathfrak{r}_S^2 \text{ und } \begin{pmatrix} 0{,}6 \\ 0{,}8 \\ 0 \end{pmatrix} \mathfrak{r}_S = 6 \Rightarrow \frac{1}{4}\mathfrak{r}_S^2 = 36 \Rightarrow \mathfrak{r}_S^2 = 144$$

Die gemeinsamen Punkte liegen auf der Kugel K: $\mathfrak{r}^2 = 144$ und haben vom Ursprung den Abstand 12 LE.

14. Für die Ortsvektoren der gemeinsamen Punkte von Ebene und Kugel gilt:

$$\mathfrak{r}_S^2 = 36 \text{ und } \begin{pmatrix} 2 \\ 1 \\ 2 \end{pmatrix} \mathfrak{r}_S = 9 \Rightarrow \begin{pmatrix} \frac{2}{3} \\ \frac{1}{3} \\ \frac{2}{3} \end{pmatrix} \mathfrak{r}_S = 3. \quad \text{Es folgt } \left[\begin{pmatrix} \frac{2}{3} \\ \frac{1}{3} \\ \frac{2}{3} \end{pmatrix} \cdot \mathfrak{r}_S\right]^2 = 9 \text{ und}$$

$$\text{damit } \left[\mathfrak{r}_S \begin{pmatrix} \frac{2}{3} \\ \frac{1}{3} \\ \frac{2}{3} \end{pmatrix}\right]^2 = \frac{1}{4}\mathfrak{r}_S^2. \text{ Die Gleichung } \left[\mathfrak{r} \cdot \begin{pmatrix} \frac{2}{3} \\ \frac{1}{3} \\ \frac{2}{3} \end{pmatrix}\right]^2 = \frac{1}{4}\mathfrak{r}^2 \text{ stellt einen}$$

Kegel mit der Spitze im Ursprung und dem Öffnungswinkel 120° dar.

10.2. Die Scheitelgleichung der Kegelschnitte

Seite 184

2. a) $x_1 = 0 \quad x_2 = 8$ **b)** $x_1 = 0 \quad x_2 = 9$ **c)** $x_1 = 0 \quad x_2 = -\frac{4}{3}$

d) $x_1 = 0 \quad x_2 = 14$ **d)** $x_1 = 0 \quad x_2 = \frac{2p}{1 - \varepsilon^2}$

3. Für die Koordinaten der Schnittpunkte von Kegelschnitt und Winkelhalbierende gelten die Gleichungen $y_S^2 = 2p x_S - (1 - \varepsilon^2) x_S^2$ und $y_S = x_S$. Als Schnittpunkte ergeben sich formal: $S_1(0/0)$ und $S_2\left(\frac{2p}{2-\varepsilon^2} \Big/ \frac{2p}{2-\varepsilon^2}\right)$.

a) Da S_1 immer existiert, wird die Winkelhalbierende von jedem Kegelschnitt geschnitten. Es gibt also keine derartigen Kegelschnitte.

b) S_1 bleibt allerdings der einzige Schnittpunkt, wenn $\varepsilon = \sqrt{2}$ ist. Der Kegelschnitt $y^2 = 2px + x^2$ schneidet die Winkelhalbierenden nur einmal.

4. Wegen $\mathfrak{s} = \mathfrak{o}$ folgt $p = \varepsilon s + s_x = 0$. Die Kegelschnittgleichung hat die Form $y^2 = -(1 - \varepsilon^2)x^2$ oder $y = \pm\sqrt{\varepsilon^2 - 1}\,x$.
Für $0 \leqq \varepsilon < 1$ erfüllt nur $P(0/0)$ die Gleichung. Der Kegelschnitt entartet zu einem Punkt, dem Scheitelpunkt. Für $\varepsilon = 1$ ist $y = 0$. Alle gemeinsamen Punkte von Kegel und Ebene liegen auf der x-Achse. Der Kegelschnitt entartet zu einer Geraden.
Für $\varepsilon > 1$ ist $y = \pm\sqrt{\varepsilon^2 - 1} \cdot x$ die Gleichung eines Geradenpaars, das sich im Ursprung schneidet. Der Kegelschnitt entartet zu einem Geradenpaar.

5. a) Aus $p = \varepsilon s(1 + \cos\beta)$ folgt wegen $\cos\beta = 0$ $p = \varepsilon \cdot s$. Ferner ist $\varepsilon = 1$. $\Rightarrow s = 2$; $\alpha = \omega = 45°$

b) $s = 10$; $\alpha = \omega = 45°$ **c)** $s = p$; $\alpha = \omega = 45°$

6. a) Wegen $\cos\beta = 0$ folgt durch Koeffizientenvergleich:

$$1 = \varepsilon s \text{ und } \varepsilon^2 = \frac{1}{4} \Rightarrow \varepsilon = \frac{1}{2}. \text{ Also ist } s = \frac{1}{\varepsilon} = 2.$$

$$\text{Ferner gilt: } \varepsilon = \frac{\cos\alpha}{\cos\omega} = \frac{1}{2} \Rightarrow \cos\alpha = \frac{1}{2}\cos\omega = \frac{1}{2}\cos(90° - \alpha)$$

$$= \frac{1}{2}\sin\alpha \Rightarrow \cot\alpha = \frac{1}{2} \Rightarrow \alpha = 63°26'; \ \omega = 26°34'$$

b) $s = 1{,}5$; $\alpha = 26°34'$; $\omega = 63°26'$

7. Wegen $\beta = 90°$ ist $p = \varepsilon \cdot s \Rightarrow \frac{p}{s} = \varepsilon = \frac{\cos\alpha}{\cos\omega} = \frac{\sin\omega}{\sin\alpha} \Rightarrow (1)\ \frac{p}{s} = \frac{\sin\omega}{\sin\alpha}$. Andererseits gilt nach dem Sinussatz (Bild 183.1): (2) $\frac{\overline{OA}}{s} = \frac{\sin\omega}{\sin\alpha}$
Aus (1) und (2) folgt daher $p = \overline{OA}$.

8. a)

$$\varepsilon = \frac{\cos\alpha}{\cos\omega} = \frac{\frac{1}{2}}{\frac{1}{2}\sqrt{3}} = \frac{1}{3}\sqrt{3} \Rightarrow \varepsilon^2 = \frac{1}{3}$$

$$p = \varepsilon s(1 + \cos\beta) = \frac{1}{3}\sqrt{3} \cdot 3\sqrt{3}\,(1 + 0) = 3 \Rightarrow y^2 = 6x - \frac{2}{3}x^2$$

b) $\varepsilon = \frac{\cos\alpha}{\cos\omega} = \sqrt{3} \Rightarrow \varepsilon^2 = 3$

$p = \varepsilon s(1 + \cos\beta) = \sqrt{3} \cdot \sqrt{6}\,(1 + 0) = 3\sqrt{2} \Rightarrow y^2 = 6\sqrt{2}\,x + 2x^2$

10.3. Die Arten der Kegelschnitte

Seite 188

1. $b^2 = \pm a^2(1 - \varepsilon^2) = \pm \frac{p^2}{1-\varepsilon^2}, \quad a = \pm \frac{p}{1-\varepsilon^2}, \quad p = \frac{b^2}{a}$

2. Es handelt sich um die Ellipse mit den Halbachsen $a = 3$ und $b = 2$.

Aus $a^2 = \frac{p^2}{(1-\varepsilon^2)^2}$ und $b^2 = \frac{p^2}{1-\varepsilon^2}$ folgt $p = \frac{b^2}{a}$ und $1 - \varepsilon^2 = \frac{b^2}{a^2}$. Daraus folgt:

$p = \frac{4}{3},\ 1 - \varepsilon^2 = \frac{4}{9} \Rightarrow \varepsilon = \frac{1}{3}\sqrt{5}$

3. $1 - \varepsilon^2 = \frac{25}{81} \Rightarrow \varepsilon = \frac{2}{9}\sqrt{14} < 1$, Ellipse; $p = 5\frac{5}{9} : 2 = 2\frac{7}{9}$

$a = \frac{p}{1-\varepsilon^2} = 9,\ b^2 = \frac{p^2}{1-\varepsilon^2} = 25 \Rightarrow b = 5$

Mittelpunktsgleichung: $\frac{x^2}{81} + \frac{y^2}{25} = 1$

4. $b^2 = -\frac{p^2}{1-\varepsilon^2} \Rightarrow p^2 = -b^2(1-\varepsilon^2) = \frac{81}{16} \Rightarrow p = \frac{9}{4}$

Scheitelgleichung: $y^2 = \frac{9}{2}x + \frac{9}{16}x^2; \quad a^2 = -\frac{b^2}{1-\varepsilon^2} \Rightarrow a = 4$

Mittelpunktsgleichung: $\frac{x^2}{16} - \frac{y^2}{9} = 1$

5. $p = \frac{b^2}{a} \Rightarrow a = \frac{18}{5};\ b^2 = \frac{p^2}{1-\varepsilon^2} \Rightarrow 1 - \varepsilon^2 = \frac{25}{36}$

Scheitelgleichung: $y^2 = 5x - \frac{25}{36}x^2$

6. $1 - \varepsilon^2 = -\frac{b^2}{a^2} \Rightarrow 1 - \varepsilon^2 = -1 \Rightarrow \varepsilon = \sqrt{2}$.

Ist umgekehrt $\varepsilon = \sqrt{2}$, so ist $a = -\frac{p}{1-\varepsilon^2} = p$ und $b = \frac{p}{\sqrt{-(1-\varepsilon^2)}} = p$, also $a = b$.

7. Wir verschieben die durch $y^2 = 2px - (1-\varepsilon^2)x^2$ gegebenen Kurven um $2c = \frac{2p}{1-\varepsilon^2}$ nach links. $x = x' + 2c, \quad y = y'$.

Man erhält (ohne Striche):

$y^2 = 2p(x + 2c) - (1 - \varepsilon^2)(x + 2c)^2 \Rightarrow y^2 = -2px - (1 - \varepsilon^2)x^2$

Für $\varepsilon = 1$ ergibt sich eine nach links geöffnete Parabel.

8. Wir verschieben die Ellipse aus der Mittelpunktslage um $\mathfrak{v} = \begin{pmatrix} 0 \\ b \end{pmatrix}$.

$\mathfrak{r} = \mathfrak{r}' - \mathfrak{v}$; $x = x'$, $y = y' - b$

Damit wird (ohne Striche) $\frac{x^2}{a^2} + \frac{y^2}{b^2} = 1$ zu $\frac{x^2}{a^2} + \frac{(y-b)^2}{b^2} = 1$

oder $x^2 = 2\frac{a^2}{b}y - \frac{a^2}{b^2}y^2$.

Diese Gleichung entsteht aus der Scheitelgleichung, wenn man x mit y und a mit b vertauscht.

10.4. Allgemeine Beziehungen zwischen Doppelkegeln und Kegelschnitten

Seite 191

1. a) $\tan\omega = \frac{s_x}{s_z} = \frac{\varrho}{s_z} \Rightarrow s_z = \frac{\varrho}{\tan\omega} = \frac{3}{\sqrt{3}} = \sqrt{3}$; $\mathfrak{s} = \begin{pmatrix} 3 \\ 0 \\ \sqrt{3} \end{pmatrix}$

   b) $\mathfrak{r}^2 - 2\,\mathfrak{r}_M \cdot \mathfrak{r} = 0 \Rightarrow \mathfrak{r}^2 - \begin{pmatrix} 6 \\ 0 \end{pmatrix} \mathfrak{r} = 0$; $(x-3)^2 + y^2 = 9$

2. Allgemein gilt $s_x = s\cos\beta$; für die Parabel gilt $\beta = 180° - 2\omega$ und deshalb $s_x = -s \cdot \cos 2\omega$. Daraus folgt die Behauptung.

   Für Ellipse und Hyperbel ist $\beta = 180° - (\alpha + \omega)$. Damit erhält man: $s_x = -s\cos(\alpha + \omega)$ und $\alpha + \omega \gtreqless 90° \Leftrightarrow s_x \gtreqless 0$.

Seite 192

3. a) und b) $\beta = 90° \Rightarrow \alpha + \omega = 90° \Rightarrow$ (wegen $\alpha = \omega$) $\omega = 45°$ und $\alpha = 45°$

   Achsenrichtung: $\mathfrak{a} = \begin{pmatrix} 1 \\ 0 \\ -1 \end{pmatrix}$

   c) $p = \varepsilon s + s_x = 1 \cdot 4 + 0 = 4 \Rightarrow y^2 = 8x$

4. a) $\tan\alpha = \frac{|\mathfrak{e}_z|}{|\mathfrak{e}_x|} = \sqrt{3} \Rightarrow \alpha = 60°, \omega = 60°, \beta = 60°$

   $s_x = s \cdot \cos\beta = 4$; $p = \varepsilon s + s_x = 12$; Parabelgleichung: $y^2 = 24x$

   b) Wegen $p = s(\varepsilon + \cos\beta)$ wächst p proportional zu s.

5. $\alpha = \omega = 60°$; $\mathfrak{e} = \begin{pmatrix} \cos\alpha \\ 0 \\ -\sin\alpha \end{pmatrix} = \frac{1}{2}\begin{pmatrix} 1 \\ 0 \\ -\sqrt{3} \end{pmatrix}$

   $s = \frac{p}{1 - \cos 2\omega} = \frac{8}{3}\sqrt{3}$; $s_x = s\cos\beta = \frac{4}{3}\sqrt{3}$, $s_z = s\sin\beta = 4$, $\mathfrak{s} = \begin{pmatrix} \frac{4}{3}\sqrt{3} \\ 0 \\ 4 \end{pmatrix}$

6. $e_x = \cos\alpha = \frac{1}{2}\sqrt{3} \Rightarrow \alpha = 30° = \omega;\quad s = \frac{\varrho}{\sin\omega} = \frac{3}{0{,}5} = 6$

$s_x = s\cos\beta = 6 \cdot \cos 120° = -3;\quad p = s + s_x = 3;$ Parabelgleichung: $y^2 = 6x$

7. $p = s + s_x = \frac{e}{\sin\beta} + e\cot\beta \Rightarrow \frac{1 + \cos\beta}{\sin\beta} = \frac{p}{e} = 1 \Rightarrow \beta = 90°$

$\omega = \alpha = 45°,\quad \mathfrak{e} = \frac{1}{2}\begin{pmatrix}\sqrt{2}\\0\\-\sqrt{2}\end{pmatrix}$

8. $1 - \varepsilon^2 = \frac{1}{2} \Rightarrow \varepsilon = \frac{1}{2}\sqrt{2};\quad \cos\alpha = \varepsilon\cos\omega = \frac{1}{2} \Rightarrow \alpha = 60°$

$\beta = 75°,\quad s = \frac{p}{\varepsilon + \cos\beta} = 2{,}071$

9. a) $\alpha = 45° \Rightarrow \mathfrak{e} = \begin{pmatrix}\cos\alpha\\0\\-\sin\alpha\end{pmatrix} = \frac{1}{2}\begin{pmatrix}\sqrt{2}\\0\\-\sqrt{2}\end{pmatrix}$

b) $s_z = e = 2;\ \beta = 180° - (\alpha + \omega) = 105°;\ s_x = \frac{s_z}{\tan\beta} = -0{,}536;\ \mathfrak{s} = \begin{pmatrix}-0{,}536\\0\\2\end{pmatrix}$

c) $\varepsilon = \frac{\cos\alpha}{\cos\omega} = \sqrt{\frac{2}{3}};\ p = \varepsilon s + s_x = \sqrt{\frac{2}{3}} \cdot 2{,}071 - 0{,}536 = 1{,}154$

Scheitelgleichung: $y^2 = 2{,}308\,x - \frac{1}{3}x^2$

d) $a = \frac{p}{1 - \varepsilon^2} = 3{,}462;\quad b = \frac{p}{\sqrt{1 - \varepsilon^2}} = 1{,}999$

10. a) $\tan\alpha = \frac{|e_z|}{|e_x|} = \sqrt{3} \Rightarrow \alpha = 60°;\ \omega = 30°$, da $\beta = 90°$.

$\varepsilon = \frac{\cos\alpha}{\cos\omega} = \frac{1}{\sqrt{3}} < 1$. Es entstehen Ellipsen der gleichen numerischen Exzentrizität $\varepsilon = \frac{1}{\sqrt{3}}$. Da $p = \varepsilon s + s_x = \frac{s}{\sqrt{3}} + 0 = \frac{s}{\sqrt{3}}$, können bei der Verschiebung alle Ellipsen mit $\varepsilon = \frac{1}{\sqrt{3}}$ entstehen.

b) $p = s : \sqrt{3}$

c) $s = p\sqrt{3} = b\sqrt{1 - \varepsilon^2} \cdot \sqrt{3} = 2\sqrt{2} \Rightarrow S(0/0/2\sqrt{2})$

Dann ist $a = \frac{p}{1 - \varepsilon^2} = \sqrt{6}$ und die Ellipsengleichung

$y^2 = 4\sqrt{\frac{2}{3}}\,x - \frac{2}{3}x^2$ bzw. $\frac{x^2}{6} + \frac{y^2}{4} = 1.$

Seite 193

11. a) $1 - \varepsilon^2 = -2 \Rightarrow \varepsilon = \sqrt{3}$ (Hyperbel)

b) $\cos\omega = \frac{\cos\alpha}{\varepsilon} \Rightarrow \omega = 60°$

c) $\beta = 90° \Rightarrow s_x = 0 \Rightarrow s = s_z$

$$s = \frac{p}{\varepsilon + \cos\beta} = \sqrt{3}, \quad \mathfrak{s} = \begin{pmatrix} 0 \\ 0 \\ \sqrt{3} \end{pmatrix}$$

d) $a = \dfrac{p}{-(1-\varepsilon^2)} = \dfrac{3}{2}$; $b = \dfrac{p}{\sqrt{-(1-\varepsilon^2)}} = \dfrac{3}{2}\sqrt{2}$

12. $1 - \varepsilon^2 = -15 \Rightarrow \varepsilon = 4$; $\cos\omega = 0{,}2588 > \dfrac{1}{4}$.

Da $\varepsilon > \dfrac{1}{\cos\omega}$, kann diese Hyperbel nicht als Schnittlinie auftreten.

13. Es muß gelten $\cos\omega \leqq \dfrac{1}{\varepsilon} = \dfrac{1}{\sqrt{2}} \Rightarrow \omega \geqq 45°$.

Für den Grenzfall $\omega = 45°$ gilt $\cos\alpha = \varepsilon \cos\omega = 1 \Rightarrow \alpha = 0$. Die Kegelachse muß dann parallel zur Schnittebene liegen.

14. $1 - \varepsilon^2 = -2 \Rightarrow \varepsilon = \sqrt{3}$

$p = s(\varepsilon + \cos\beta) \Rightarrow \cos\beta = -\dfrac{1}{2}\sqrt{3} \Rightarrow \beta = 150° \Rightarrow \alpha + \omega = 30°$.

Es müßte also $\omega \leqq 30°$ sein, d. h. $\cos\omega \geqq \dfrac{1}{2}\sqrt{3}$ und $\dfrac{1}{\cos\omega} \leqq \dfrac{2}{\sqrt{3}}$. Da aber $\varepsilon > \dfrac{2}{\sqrt{3}}$, kann es einen solchen Kegel nicht geben.

15. $\varepsilon = \dfrac{\cos\alpha}{\cos\omega} = \sqrt{2}$ (gleichseitige Hyperbel). $\beta = 75°$.

Der Sinussatz im Dreieck OAS liefert $\dfrac{s}{\sin\alpha} = \dfrac{e}{\sin\beta} \Rightarrow s = \dfrac{e \sin\alpha}{\sin(\alpha + \omega)}$.

$$p = s(\varepsilon + \cos\beta) = \frac{e\sin\alpha}{\sin(\alpha+\omega)} \cdot \frac{\cos\alpha - \cos\omega \cdot \cos(\alpha+\omega)}{\cos\omega} \Rightarrow p = 5\sqrt{6} = a = b.$$

10.5. Vermischte Aufgaben

1. $s = \dfrac{p}{1 - \cos 2\omega} = 8$

$$s_x = s\cos\beta = -s\cos 2\omega = -4; \quad s_z = s\sin 2\omega = 4\sqrt{3}; \quad \mathfrak{s} = \begin{pmatrix} -4 \\ 0 \\ 4\sqrt{3} \end{pmatrix}$$

$$c = \cos\omega = \frac{1}{2}\sqrt{3}; \ \alpha = 30° \Rightarrow \mathfrak{e} = \begin{pmatrix} \cos\alpha \\ 0 \\ -\sin\alpha \end{pmatrix} = \frac{1}{2}\begin{pmatrix} \sqrt{3} \\ 0 \\ -1 \end{pmatrix}$$

Kegelgleichung: $(\mathfrak{r} \cdot \mathfrak{e} - \mathfrak{s} \cdot \mathfrak{e})^2 = c^2(\mathfrak{r} - \mathfrak{s})^2$

$$\left[\frac{1}{2}\mathfrak{r} \cdot \begin{pmatrix} \sqrt{3} \\ 0 \\ -1 \end{pmatrix} + 4\sqrt{3}\right]^2 = \frac{3}{4}\left[\mathfrak{r} - \begin{pmatrix} -4 \\ 0 \\ 4\sqrt{3} \end{pmatrix}\right]^2$$

2. a) $\beta = 90° \Rightarrow e = s = p$; Parabelgleichung: $y^2 = 12x$.

b) $s = \frac{e}{\sin 2\omega}$; $s_x = s\cos\beta = \frac{e}{\sin 2\omega} \cdot \cos(180° - 2\omega) = -e\cot 2\omega$

$p = s + s_x = \frac{e}{\sin 2\omega}(1 - \cos 2\omega) = e\tan\omega$

Parabelgleichung: $y^2 = 2e\tan\omega \cdot x$

3. $\alpha = 0$, $\varepsilon = \sqrt{2}$, $\cos\omega = \frac{\cos\alpha}{\varepsilon} = \frac{1}{\sqrt{2}} \Rightarrow \omega = 45°$

4. $\frac{b^2}{a^2} = 1 - \varepsilon^2 \Rightarrow \varepsilon = \frac{1}{2}\sqrt{2}$; $\cos\omega = \frac{\cos\alpha}{\varepsilon} \Rightarrow \omega = 45°$

Abstand $e = s_z = s\sin\beta = \frac{p\sin\beta}{\varepsilon + \cos\beta} = \frac{a(1-\varepsilon^2)\cdot\sin(\alpha+\omega)}{\varepsilon - \cos(\alpha+\omega)} = \frac{1}{\sqrt{2}}$

5. a) $\alpha = 0°$, $\varepsilon = \frac{\cos\alpha}{\cos\omega} = 2$ (Hyperbel)

b) $s_z = e = 3$; $\beta = 180° - \omega = 120°$; $s = \frac{s_z}{\sin\omega} = 2\sqrt{3}$; $s_x = s\cos\beta = -\sqrt{3}$

$$\mathfrak{s} = \begin{pmatrix} -\sqrt{3} \\ 0 \\ 3 \end{pmatrix}$$

c) $p = \varepsilon s + s_x = 3\sqrt{3}$; Scheitelgleichung: $y^2 = 6\sqrt{3}\,x + 3x^2$

d) $a = |s_x| = \sqrt{3}$; $b = a\sqrt{\varepsilon^2 - 1} = 3$

Mittelpunktsgleichung: $\frac{x^2}{3} - \frac{y^2}{9} = 1$

Seite 194

6. a) $\alpha = 0°$, $\omega = 45°$, $\varepsilon = \sqrt{2}$. Es entstehen gleichseitige Hyperbeln.

b) Da $|s_x| = a = b = p$, können bei geeigneter Wahl von $\mathfrak{s}$ alle gleichseitigen Hyperbeln als Schnittlinien auftreten. $p = 2$, wenn $S(-2/0/2)$.

c) Der entstandene Kegelschnitt hat die Scheitelgleichung $y^2 = 4x + x^2$. Verschiebung um $\mathfrak{v} = \begin{pmatrix} 2 \\ 0 \end{pmatrix}$ liefert $\frac{x^2}{4} - \frac{y^2}{4} = 1$.

987 654